Modalanalyse mit Tracking-Interferometern

Von der Fakultät für Maschinenwesen
der Rheinisch-Westfälischen Technischen Hochschule Aachen
zur Erlangung des akademischen Grades eines
Doktors der Ingenieurwissenschaften
genehmigte Dissertation

vorgelegt von

Alexander Guralnik

Berichter:

Univ.-Prof. Dr.-Ing. Christian Brecher
Univ.-Prof. Dr.-Ing. Michael Zäh

Tag der mündlichen Prüfung: 01. Juli 2014

ERGEBNISSE AUS DER PRODUKTIONSTECHNIK

Alexander Guralnik

Modalanalyse mit Tracking-Interferometern

Herausgeber:
Prof. Dr.-Ing. Dr.-Ing. E.h. Dr. h.c. Dr. h.c. F. Klocke
Prof. Dr.-Ing. Dipl.-Wirt.Ing. G. Schuh
Prof. Dr.-Ing. C. Brecher
Prof. Dr.-Ing. R. H. Schmitt

Band 7/2015

WZL RWTHAACHEN

Fraunhofer IPT

Bibliografische Information der Deutschen Nationalbibliothek
Die Deutsche Nationalbibliothek verzeichnet diese Publikation in der Deutschen Nationalbibliografie; detaillierte bibliografische Daten sind im Internet über http://dnb.ddb.de abrufbar.

Alexander Guralnik:

Modalanalyse mit Tracking-Interferometern

1. Auflage, 2015

Gedruckt auf holz- und säurefreiem Papier, 100% chlorfrei gebleicht.

Apprimus Verlag, Aachen, 2015
Wissenschaftsverlag des Instituts für Industriekommunikation und Fachmedien an der RWTH Aachen
Steinbachstr. 25, 52074 Aachen
Internet: www.apprimus-verlag.de, E-Mail: info@apprimus-verlag.de

Druck: KN Digital Printforce GmbH, Stuttgart

ISBN 978-3-86359-293-6

D 82 (Diss. RWTH Aachen University, 2014)

Danksagung

Die vorliegende Arbeit entstand während meiner Tätigkeit als wissenschaftlicher Mitarbeiter am Werkzeugmaschinenlabor (WZL) der Rheinisch-Westfälischen Technischen Hochschule in Aachen.

Meinem Doktorvater Herrn Professor Christian Brecher danke ich ganz besonders für sein Vertrauen und für die wertvollen Diskussionen zu dieser Arbeit. Die Tätigkeit an seinem Lehrstuhl gab mir die besonderen Einblicke in die industrielle Praxis, die das Forschungsthema dieser Arbeit motivierten. Herrn Professor Michael Zäh danke ich für die Verfassung des zweiten Gutachtens und Herrn Professor Uwe Reisgen für die Übernahme des Vorsitzes der Promotionskommission.

Meinen Kollegen im Projekt DynaTrac Herrn Mark Wissmann, Etalon AG und Herrn Daniel Berk, sigma3D GmbH danke ich ganz herzlich für die fruchtbare, spannende und angenehme Zusammenarbeit. Herrn Heiko Paluszek, sigma3D GmbH und Herrn Dr. Heinrich Schwenke, Etalon AG danke ich für die Förderung und Unterstützung des Projekts in Ihren Unternehmen.

Herrn Dr. Severin Hannig, Herrn Dr. Dodwell Manoharan, Herrn Birk Brockmann und Herrn Stephan Bäumler danke ich ganz herzlich für die Diskussionen bei der Erforschung des Themas und für die Anmerkungen zu meinem Manuskript, die die vorliegende Arbeit erheblich beeinflusst und zum Erfolg meines Promotionsverfahrens maßgeblich beigetragen haben. Meinen Kolleginnen und Kollegen am WZL insbesondere meiner Gruppe danke ich für die gemeinsame Zeit am Institut, die ich nicht missen möchte. Frau Shaghayegh Khedri, Herrn Ahmed Assabiki, Herrn Ali Rajaei und Herrn Damien Rouche danke ich für die Mitwirkung an diesem Thema als studentische Hilfskräfte sowie im Rahmen ihrer Studien-, Bachelor- und Masterarbeiten. Frau Linda Härter bin ich unter Anderem für die Unterstützung am Prüfungstermin zu großem Dank verpflichtet. Weiterhin möchte ich mich bei Herrn Karsten Meier und Herrn Axel Kaunzner für ihre Unterstützung bei der Entwicklung und dem Aufbau der Technik und bei der Durchführung der Versuche bedanken.

Ganz herzlich danke ich meiner Familie, insbesondere meinen Eltern und meiner Schwester Viktoria, die mir während meines gesamten Ausbildungsweges Rückhalt und Sicherheit gegeben haben. Sie haben mich unterstützt, meinen Werdegang durch klugen Rat gelenkt und sind in ihrem eigenen Tun, mit ihrem Ehrgeiz und mit ihrer Hartnäckigkeit auch heute meine Vorbilder. Für ihre selbstlose Unterstützung während meiner gesamten Promotionszeit, ihre Geduld und ihre ansteckende Lebensfreude danke ich ganz herzlich meiner lieben Verlobten Julia Hage. Unsere gemeinsame Zukunft war ein starker Ansporn für die Fertigstellung dieser Arbeit. Jetzt freue ich mich auf unsere bevorstehende Hochzeit.

Zuletzt danke ich dem interessierten Leser. Erst er verleiht diesem Werk einen Sinn!

München, im Januar 2015 Alexander Guralnik

Inhaltsverzeichnis

Content

Formelzeichen und Abkürzungsverzeichnis

Formula Symbols and Abbreviations

Lateinische Großbuchstaben

Zeichen	Einheit	Benennung
A, B, C	mm	Längenangaben
A_E	V	Amplitude der elektrischen Feldstärke
B_E	V	Elektrische Feldstärke der elektromagnetischen Welle
U_C	V	Signal der Ansteuerung im Frequenzbereich
$\bar{\bar{C}}$	Ns/m	Dämpfungsmatrix
D	-	Dämpfungsgrad
F	N	Kraft
G	µm/N m/s²/N	Nachgiebigkeitsfrequenzgang bzw. Beschleunigbarkeitsfrequenzgang
H	diverse	Übertragungsfunktion
I_E	W/m²	Intensität des elektrischen Felds
I	A	Strom
K	N/µm	Statische Nachgiebigkeit
$\bar{\bar{K}}$	N/µm	Statische Steifigkeitsmatrix
$\bar{\bar{M}}$	kg	Massenmatrix
M'	kg	Effektive Masse
$\bar{\bar{R}}$	-	Rotationsmatrix
S'	µm/N	Restnachgiebigkeit
S_i	diverse	Fouriertransformierte von *i*
S_i^*	diverse	Komplex-konjugierte Fouriertransformierte von i
S_{ij}	diverse	Kreuzleistungsspektrum von *i* und *j*, bzw. Autoleistungsspektrum bei *i* = *j*
$\overline{S_{ij}}$	diverse	Gemitteltes Leistungsspektrum
$\bar{\bar{T}}$	-	Transformationsmatrix
T_s	s	Abtastzeit der Datenerfassung

U	V	Spannung
X	µm	Verlagerung im Frequenzbereich

Lateinische Kleinbuchstaben

Zeichen	Einheit	Benennung
a, b, c, d	mm	Längenangaben
$[b, h, v]^T$	µm	Verlagerung in Strahlrichtung, horizontaler und vertikaler Richtung (*beam, horizontal vertical*)
u_C	V	Spannung der Ansteuerung im Zeitbereich
f, f_0	Hz	Frequenz, Eigenfrequenz
k	N/µm	Statische Steifigkeit
m	kg	Masse
n	-	Anzahl Moden
r	mm	Abstand, Strahllänge
s	s^{-1}	Laplace-Parameter
v	m/s	Geschwindigkeit
x, y, z	µm	Verlagerung in X-, Y-, Z-Richtung

Griechische Buchstaben

Zeichen	Einheit	Benennung
α_k	-	Gewichtungsfaktor, Skalierungsfaktor
α, β, γ	°, rad	Winkel bei der Drehung um die Achse X, Y, Z
δ	Ns/m	Dämpfung
γ^2	-	Kohärenz
H	µm	Störanteil im Verlagerungssignal im Frequenzbereich
η	µm	Störanteil im Verlagerungssignal im Zeitbereich
θ	°, rad	Rechtwinkligkeitsfehler
λ	nm	Laserwellenlänge
μ_0	s^{-1}	Realteil des Eigenwerts der Bewegungsgleichung
N	N	Störanteil im Kraftsignal im Frequenzbereich

ν	N	Störanteil im Kraftsignal
ν_0	s^{-1}	Imaginärteil des Eigenwerts der Bewegungsgleichung
τ	°, rad	Einbauwinkel der PSD
φ	°, rad	Winkel, Azimutwinkel
$\bar{\bar{\Psi}}$	-	Eigenvektormatrix
ψ	°, rad	Zenitwinkel
$\vec{\psi}$	-	Eigenvektor
ω, ω_0	s^{-1}	Kreisfrequenz, Eigenkreisfrequenz

Abkürzungen

Abkürzung	Bedeutung
PSD	Positionssensitive Diode
ADM	Absolutdistanzmesseinheit
ADC	Analog-Digitalwandler (*analog digital converter*)
CAD	Computer aided design
DAC	Digital-Analogwandler (*digital analog converter*)
DAQ	Data acquisition device
FEM	Finite Elemente Methode
FFT	Fast fourier transformation
FRAC	Frequency response assurance criterion
KS	Koordinatensystem
LDV	Laserdopplervibrometer
F	Forderung
MAC	Modal assurance criteria
SMR	Spherical mounted reflector
TI	Tracking-Interferometer
W	Wunsch
Wst	Werkstück
WZM	Werkzeugmaschine
Wzg	Werkzeug

1 Einleitung

Das Thema dieser Arbeit ist die Entwicklung einer Messmethode und eines Messgeräts als Alternative zu den konventionellen Systemen für die Durchführung der experimentellen Modalanalyse. Als Demonstrator wird in dieser Forschungsarbeit das in der geometrischen Präzisionsmessung in großen Raumvolumina etablierte Messgerät Laser-Tracking-Interferometer weiterentwickelt.

Die experimentelle Modalanalyse ist ein Verfahren der messtechnischen Untersuchung der strukturdynamischen Eigenschaften von Objekten. Modalanalysen werden an Fahrzeugen, Flugzeugen, Produktionsmitteln, Brücken und Gebäuden, Musikinstrumenten, Sportgeräten und an vielen anderen Strukturen durchgeführt. Sie spielt heute in zahlreichen Branchen eine essentielle Rolle bei der Entwicklung von Produkten, der Identifikation von dynamischen Schwachstellen und Schäden, der Beurteilung der Sicherheit und der Bewertung der Qualität. In einigen Branchen, wie der Bau- und der Produktionsmittelindustrie, haben sich Dienstleistungsmärkte für die experimentelle Modalanalyse etabliert.

Die rasante Zunahme des Simulationseinsatzes in der Strukturdynamik, mit der die Modalanalyse am virtuellen Prototyp vor der Herstellung des Produkts durchgeführt werden kann, scheint den Bedarf an experimentellen Modalanalysen zusätzlich zu erhöhen. Die hohe Unsicherheit bei der Modellierung der Koppelstellen zwischen Komponenten und insbesondere die Unkenntnis der Dämpfung machen einen Abgleich der Simulation mit dem Experiment heute unumgänglich. In manchen Branchen werden so Prozesse der iterativen Optimierung mit virtuellen Prototypen und reellen Produkten etabliert.

Bei Werkzeugmaschinen können ungünstige dynamische Eigenschaften zu Schwingungen im Bearbeitungsprozess führen, die die nutzbare Leistung und damit die Produktivität erheblich reduzieren, den Werkzeugverschleiß und die Wartungsintensität der Maschine erhöhen. Dies senkt die Produktqualität und führt zu einer erheblichen Steigerung des Rüstaufwands. In der Produktionsmittelbranche dient die experimentelle Modalanalyse zur Beurteilung von Maschinen, Identifikation dynamischer Schwachstellen, Ableitung von Optimierungsmaßnahmen und zur Steigerung der Qualität der virtuellen Prototypen.

Mit dem vermehrten Einsatz der Modalanalyse wachsen die Anforderungen an ein schnelles, effizientes und vielseitiges Untersuchungsverfahren. Als Kriterien seien in diesem Zusammenhang die Automatisierung, die je nach Verfahren sehr zeitaufwendige Geometrieaufnahme des Untersuchungsobjektes und die Eignung zur Untersuchung von teilumhausten und verdeckten Strukturen genannt.

Zwei Messprinzipien mit den zugehörigen Messgeräten haben sich bei der experimentellen Modalanalyse durchgesetzt: die Erfassung der Strukturschwingungen mit dem Laserdopplervibrometer (LDV) und mit Beschleunigungsaufnehmern. Andere Verfahren spielen nur eine untergeordnete Rolle.

3D-scanning-LDV werden vorwiegend bei offenen Oberflächen und dünnen Strukturen in der Automobil- sowie der Luft- und Raumfahrtindustrie eingesetzt. Die Messung erfolgt berührungslos, zügig über große Flächen und beinhaltet die Geometrieaufnahme. Nachteilig ist der erforderliche sehr breite Sichtkorridor auf das Messobjekt und die hieraus folgende schlechte Eignung für die Untersuchung von umhausten Strukturen.

Triaxiale Beschleunigungsaufnehmer werden in allen aufgelisteten Branchen eingesetzt, insbesondere wenn 3D-scanning-LDV aus technischen Gründen aufgrund der Sichtproblematik oder aus wirtschaftlichen Gründen nicht verwendet werden können. Beschleunigungsaufnehmer können an verdeckten Oberflächen der Messobjekte positioniert werden und sind kostengünstiger. Nachteilig ist die erforderliche separate Geometrieaufnahme des Untersuchungsobjektes und die Angabe der Sensororientierung an jedem Messpunkt. Weiterhin kann die Masse des Sensors die Eigenschwingungsformen von besonders leichten Strukturen beeinflussen.

Tracking-Interferometer sind laserbasierte, mobile Kugelkoordinatenmessgeräte. Sie haben sich als Messsysteme für die Justage von Vorrichtungen, in der Präzisionsmontage von Großbauteilen, in der geometrischen Ausrichteprüfung von Anlagen, in der Hallenlayoutplanung, in der Kalibrierung von Robotern und teilweise im Reverse Engineering (z. B. für die messtechnische Digitalisierung von Oberflächenformen) etabliert. Mit einem einzigen Laserstrahl sind ihre Anforderungen an den Sichtkorridor wesentlich geringer als die der 3D-scanning-LDV, die mit drei Laserstrahlen messen. Mit seinen flexiblen Mess- und Steuerungsmöglichkeiten ist das Gerät wesentlich vielseitiger als Beschleunigungsaufnehmer und bietet darüberhinaus Ansätze zur Automatisierung. Der hardwaretechnische Aufbau der heutigen Tracking-Interferometer erlaubt keine hochdynamischen Messungen von kleinsten Bewegungen, wie sie bei der Modalanalyse stattfinden.

Das Ziel dieser Arbeit ist die Entwicklung des Einstrahlverfahrens und einer Methode zur Durchführung der experimentellen Modalanalyse mit diesem Verfahren. Das Einstrahlverfahren ist die simultane 3D-Schwingungsmessung mit einem Laserstrahl. Die Untersuchungsmethode beinhaltet alle notwendigen Schritte zur Erstellung einer Modalanalyse: Berechnungsverfahren, Automatisierungslösungen und verfahrensspezifischen Besonderheiten der Datenhaltung. Als Demonstrator-Messgerät wird ein konventionelles Tracking-Interferometer hard- und softwaretechnisch so modifiziert, dass es die entwickelte Untersuchungsmethode zu einem ganzheitlichen Messsystem ergänzt. Das Messsystem soll die Durchführung aller messtechnischen und mathematischen Schritte der experimentellen Modalanalyse ermöglichen. Es soll eine Alternative zu den konventionellen Verfahren darstellen und durch Automatisierung und Reduktion von Bedienerfehlermöglichkeiten einen Zeit- und Qualitätsvorteil gegenüber diesen bieten. Zwar stammen alle in der Arbeit betrachteten Anwendungsfälle aus dem Werkzeugmaschinenbau. Die Einsatzmöglichkeiten des Systems sind jedoch keineswegs hierauf beschränkt.

Introduction

This research work deals with the development of a measurement principle and a measurement device for experimental analysis as an alternative to classical systems today. The demonstrator for the developed method is a redesigned laser tracking interferometer, a measurement device originally used for high precision geometric measurements of large spaces.

The experimental modal analysis is an investigation technique of structural dynamic properties of objects. Modal analyses are applied for automobiles, aircrafts, production facilities, bridges and buildings, musical instruments, sports equipment and structures from many other domains. Today this investigation technique plays an essential role in the development of products, detection of dynamic weak points and damage detection, in safety evaluation, and the validation of quality. In some industrial branches, such as civil engineering and production equipment, service markets for the experimental modal analysis have been established.

The rapid growth in the use and capabilities of simulation programs for structural dynamics – simulative modal analyses can be conducted on virtual prototypes prior to the manufacturing of the actual product – paradoxically seems to fuel the expanding need for experimental investigation. The high uncertainty in interface modeling of components and particularly the lack of knowledge of damping properties result in the inevitable need for verification of simulation results with experimental data. Some industries develop processes of iterative optimization for virtual prototypes and actual physical products.

Poorly balanced dynamic properties of machine tools may lead to chatter vibration that considerably reduce productivity, increase tool wear and shorten necessary service intervals of equipment. Thus, there is a significant reduction of product quality and increase of set-up expenses. In production equipment industry, the experimental modal analysis serves to evaluate machines, identify dynamic weak points, deduce possibilities for optimization and improve quality of virtual prototypes.

With growing application of experimental modal analysis one experiences a growth in requirements on a rapid, efficient and versatile investigation method. Main assessment criteria associated with these points are automation, time expenditure for geometry modeling and the suitability for investigation of partially housed structures. Two measurement principles with their respective measurement devices dominate the field of experimental modal analysis today: vibration measurement using accelerometers and using laser Doppler velocimeters (LDV). Futher techniques are of secondary importance.

The 3D-scanning-LDV is mainly applied for open surfaces and thin structures in automotive and in airspace industries. The measurement is contactless, may quickly cover large areas and includes geometry modeling. The disadvantages are the necessary broad corridor of undisturbed sight of the investigation subject, which results in poor suitability for partially housed objects.

Triaxial accelerometers are applied through all the mentioned industries, i. a. in cases where 3D-scanning-LDV cannot be used for technical reasons due to line-of-sight difficulties or for economic reasons. Accelerometers can be mounted at covered and inner surfaces and have much lower system cost. The main disadvantages are the necessarily separate geometry modeling and the manual specification of sensor orientation in object coordinates at every measurement point. Furthermore the sensor mass may influence dynamic properties when particularly thin objects are investigated.

Tracking interferometers are laser based, mobile spherical coordinate measurement machines. They have proved themselves as measurement devices for adjustment of gadgets in high-precision assembly of large scale parts, geometrical alignment, inspection of facilities and machinery, chop floor layout planning, calibration of robots and reverse engineering e. g. metrological acquisition and digitalization of surfaces. With one single laser beam the requirements of line-of-sight are much lower than the ones imposed by the 3D-scanning-LDV, which uses three laser beams simultaneously. Considering the variable measurement and control possibilities of this device the tracking interferometer is much more versatile than accelerometers and opens additional possibilities for measurement automation. As a result of the hardware setup, current tracking interferometers cannot be used for high dynamic measurement of small displacements that appear during experimental modal analysis.

This research work deals with the development of the *single beam measurement technique* and an *investigation method* for conducting experimental modal analysis with this technique. The single beam measurement is a simultaneous 3D-vibration measurement technique using a single laser beam. The investigation method comprises all necessary steps for conducting experimental modal analyses, specific calculation procedures, automation solutions and the method specific particularities of data management. A demonstrator measurement device is built based on a classical tracking interferometer that is modified in hardware and software to make a holistic experimental modal analysis measurement system. The measurement system will support all measurement and calculation steps of an experimental modal analysis and will be an alternative to classical methods and will provide a time and quality advantage over them through automation and reduction of operator error possibilities. All the examples and case studies in this work deal with machine tools. The introduced system is however in no way limited to this area of application.

2 Stand der Technik

State of the art

Das vorliegende Kapitel umfasst zunächst die mathematische Beschreibung schwingungsfähiger Systeme, die Signalaufnahme, -verarbeitung und die Systemanalyse als grundlegende, in dieser Arbeit verwendete Werkzeuge, Kapitel 2.1.1. Als Motivation dieser Arbeit folgt die Beschreibung der Einsatzgebiete der experimentellen Modalanalyse und der Schwingungsmessgeräte sowie ihrer Möglichkeiten und Grenzen, Kapitel 2.1.2, 2.1.3. Der später entwickelte Demonstrator ist eine Weiterentwicklung des Laser-Tracking-Interferometers (TI), dessen Einsatzgebiet in der Geometrievermessung liegt. Der technische Stand der aktuell verfügbaren TI wird in den Kapiteln 2.2.1, 2.2.2 beschrieben. Geometrische Transformationen sind in Kapitel 2.2.3 zusammengestellt. Kapitel 2.3 fasst den Stand der Technik zusammen und motiviert das Thema dieser Arbeit.

2.1 Schwingungsmessung und Modalanalyse

Vibration measurement and modal analysis

2.1.1 Mathematische Grundlagen

Basic mathematic description

Ein- und Mehrmassenschwinger

Das dynamische Verhalten von Werkzeugmaschinen und anderen komplexen schwingungsfähigen Systemen lässt sich als Verhalten eines Mehrmassensystems annähern. Bei der experimentellen Modalanalyse wird das *Verhalten* des untersuchten Systems beschrieben – nicht zwangsläufig seine tatsächlichen physikalischen *Eigenschaften*. (So entspricht die modale Masse nicht der Masse einer Strukturkomponente).

Die üblichen mathematischen Beschreibungsarten und graphischen Darstellungen für die Eigenschaften eines schwingungsfähigen Systems mit einem Freiheitsgrad, Einmassenschwinger (*single degree of freedom,* SDOF) sind in Bild 2.1 zusammengefasst. Bei der Aufstellung des dynamischen Kräftegleichgewichts im Zeitbereich werden typischerweise die Größen Masse, Dämpfung und Steifigkeit verwendet, während bei der Beschreibung der Übertragungsfunktion im Frequenzbereich eher die Begriffe Eigenfrequenz, Dämpfungsgrad und statische Nachgiebigkeit benutzt werden. Die beiden „Eigenschaften-Tripel“ lassen sich ineinander umrechnen. Die Übertragungsfunktion ist eine komplexe Funktion, die das Verhalten einer Ausgangsgröße in Bezug auf eine Eingangsgröße im Frequenzbereich beschreibt. Bei der Beschreibung der Eigenschaften von schwingungsfähigen (mechanischen) Strukturen werden üblicherweise Nachgiebigkeits-, Beweglichkeits- oder Beschleunigbarkeitsfrequenzgänge angegeben. Es handelt sich hierbei um die Verlagerungs-, Geschwindigkeits- oder Beschleunigungsantwort des Systems auf eine Kraftanregung. In dieser Arbeit wird, wenn nicht anders angegeben, immer der Nachgiebigkeitsfrequenzgang verwendet. Die Übertragungsfunktion wird typischerweise in einem sogenannten Bodediagramm als Amplituden- und Phasengang oder in einer Ortskurve (*nyquistplot*) in der komplexen Ebene dargestellt, wobei einzelne Frequenzpunkte als zusätzliche Information eingetragen sein können [EWIN00, HEYL06]. Das Maximum im Nachgiebigkeitsfrequenzgang eines Einmassenschwingers wird als Resonanz bezeichnet, wenn diese über dem statischen Niveau liegt. Die Eigenfrequenz ist die theoretische Resonanzfrequenz eines ungedämpften Einmassenschwingers. In schwach gedämpften Systemen wie Werkzeugmaschinen (D ≈ 0.1 … 5%) liegen die Eigen- und die Resonanzfrequenz sehr nah zusammen.

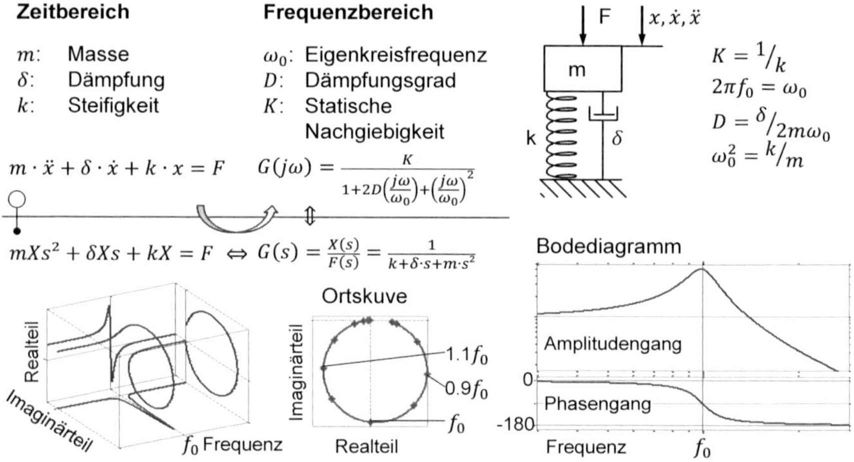

Bild 2.1: Allgemeine mathematische Beschreibung und Arten der graphischen Darstellung für schwingungsfähige Systeme mit einem Freiheitsgrad; SDOF

Mathematical description and graphical visualization of single degree of freedom oscillating systems, single-mass-oscillators; SDOF

Schwingungsfähige Systeme mit mehreren Freiheitsgraden, Mehrmassenschwingersysteme (*multiple degrees of freedom,* MDOF) lassen sich analog zum Einmassenschwinger als allgemeine Differentialgleichung zweiter Ordnung beschreiben, Bild 2.2. Masse, Dämpfung und Steifigkeit werden in Matrixform notiert, Kraft, Verlagerung, Geschwindigkeit und Beschleunigung sind Vektoren. Die Lösung der Differenzialgleichung ist im Fall der proportional-viskosen (geschwindigkeitsproportionalen) Dämpfung wiederum ein Vektor aus Eigenwerten $-\delta \pm i \cdot \sqrt{\omega_{0k}^2 - \delta^2}$ und die zugehörigen reellen Eigenvektoren ψ_k. Im Falle allgemeiner viskoser Dämpfung sind die Eigenvektoren komplex. Die Visualisierung der Eigenvektoren als Strukturverformung wird auch als Eigenform oder modale Form bezeichnet.

Reale Systeme lassen sich häufig nicht durch ein Modell mit endlicher Anzahl an Freiheitsgraden exakt beschreiben. Zudem sind nur Eigenfrequenzen in einem abgegrenzten Frequenzbereich für eine Analyse interessant bzw. durch die verwendete Messtechnik erfassbar. Für eine gute Annäherung eines gemessenen Nachgiebigkeitsfrequenzgangs werden Einflüsse der Moden mit Eigenfrequenzen unterhalb des Analysebereiches zum Einfluss der *effektiven Masse* $-1/M'\omega^2$ und Einflüsse der Moden oberhalb des Analysebereiches zur *Restnachgiebigkeit* S' zusammengefasst [LOON74].

$$\bar{\bar{M}} \cdot \ddot{\vec{x}} + \bar{\bar{C}} \cdot \dot{\vec{x}} + \bar{\bar{K}} \cdot \vec{x} = \vec{f}$$

$$(j\omega)^2 \cdot \bar{\bar{M}} \cdot \vec{X} + j\omega \cdot \bar{\bar{C}} \cdot \vec{X} + \bar{\bar{K}} \cdot \vec{X} = \vec{F}$$

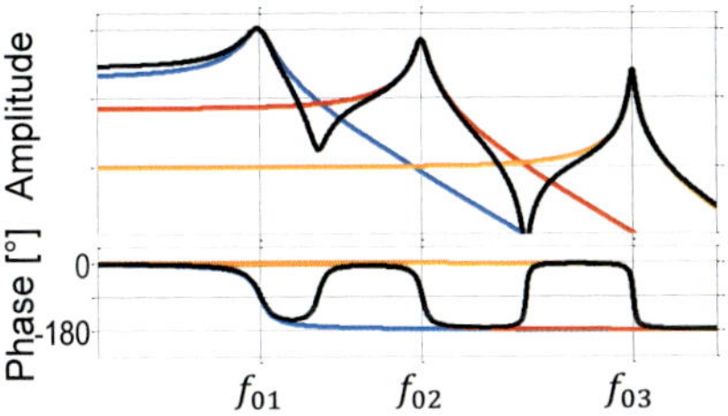

$\bar{\bar{\Psi}} = [\overrightarrow{\psi_1}, \overrightarrow{\psi_2}, \dots, \overrightarrow{\psi_n}]$ Eigenvektoren

$-\mu_{0k} + j \cdot \nu_{0k}$ Eigenwerte

$\omega_{0k} = \sqrt{\mu_{0k}^2 + \nu_{0k}^2}$ Eigenkreisfrequenz

$D_k = -\mu_{0k}/\omega_{0k}$ Modale Dämpfung

Proportionale viskose Dämpfung

$$\vec{X} = \sum_{k=1}^{n} \frac{\overrightarrow{\psi_k} \cdot \overrightarrow{\psi_k}^T \cdot \vec{F}}{k_k \left[1 + 2D\left(\frac{j\omega}{\omega_{0k}}\right) + \left(\frac{j\omega}{\omega_{0k}}\right)^2\right]}$$

$$G_{lm} = \frac{X_m}{F_l} = \sum_{k=1}^{n} \frac{\psi_{mk} \cdot \psi_{lk}}{k_k \left[1 + 2D\left(\frac{j\omega}{\omega_{0k}}\right) + \left(\frac{j\omega}{\omega_{0k}}\right)^2\right]}$$

Allgemeine viskose Dämpfung

$$\vec{X} = \sum_{k=1}^{n} \frac{\overrightarrow{\psi_k} \cdot \overrightarrow{\psi_k}^T \cdot \vec{F}}{a_k[-\mu_{0k} + j(\omega - \nu_{0k})]} + \frac{\overrightarrow{\psi_k^*} \cdot \overrightarrow{\psi_k^*}^T \cdot \vec{F}}{a_k^*[-\mu_{0k} + j(\omega + \nu_{0k})]}$$

$$G_{lm} = \frac{X_m}{F_l} = \sum_{k=1}^{n} \frac{\psi_{mk} \cdot \psi_{lk} \cdot a_k^{-1}}{-\mu_{0k} + j(\omega - \nu_{0k})} + \frac{\psi_{mk}^* \cdot \psi_{lk}^* \cdot a_k^{*-1}}{-\mu_{0k} + j(\omega + \nu_{0k})}$$

$$\xrightarrow[\omega_{0n_2} \gg \omega]{\omega_{0n_1} \ll \omega} G_{lm} \approx \frac{-1}{M'_{lm}\omega^2} + \sum_{k=n_1}^{n_2} \left[\dots \right] + S'_{lm}$$

$$\overrightarrow{\psi_i}^T \cdot \bar{\bar{M}} \cdot \overrightarrow{\psi_i} = \overline{\overline{\lceil m \rfloor}} \qquad \overrightarrow{\psi_i}^T \cdot \bar{\bar{K}} \cdot \overrightarrow{\psi_i} = \overline{\overline{\lceil k \rfloor}} \qquad \overrightarrow{\psi_i}^T \cdot \bar{\bar{C}} \cdot \overrightarrow{\psi_i} = \overline{\overline{\lceil c \rfloor}}$$

F_l: Kraft am Freiheitsgrad l X_m: Verlagerung am Freiheitsgrad m

Bild 2.2: Allgemeine mathematische Beschreibung und Arten der graphischen Darstellung für schwingungsfähige Systeme mit mehreren Freiheitsgraden, MDOF

Mathematical description and graphical visualization for multiple degrees of freedom oscillating systems, MDOF

Wie im Bild 2.2 dargestellt, wird der Nachgiebigkeitsfrequenzgang eines jeden Freiheitsgrades eines MDOF-Systems aus Nachgiebigkeitsfrequenzgängen von SDOF Systemen zusammengesetzt. Schwingungsformen bei einer bestimmten Frequenz sind entsprechend gewichtete Summen aller Eigenformen. Lokale Amplitudenmaxima der Frequenzgänge werden als Resonanzstellen bezeichnet. An stark isolierten Resonanzstellen schwach gedämpfter Systeme, das heißt an Resonanzstellen mit großem Abstand zu benachbarten Resonanzstellen, kann die entsprechende Eigenform die Resonanzschwingungsform dominieren. Die Resonanzschwingungsform gleicht dann weitgehend der Eigenform.

Datenerfassung

Der generelle Versuchsaufbau für die experimentelle Modalanalyse an einer Werkzeugmaschine ist in Bild 2.3 dargestellt. Die Struktur wird durch einen Erreger zu Schwingungen angeregt. Die Erregerkraft wird durch einen Kraftsensor erfasst und die Verlagerungen an verschiedenen Strukturpunkten werden je nach Sensor als

Weg, Geschwindigkeit oder Beschleunigung aufgenommen. Während Erreger und Sensoren in Kapitel 2.1.3 behandelt werden, wird hier die Strecke zwischen analogen Sensorsignalen und Bewertung der Analyseergebnisse detailliert erläutert.

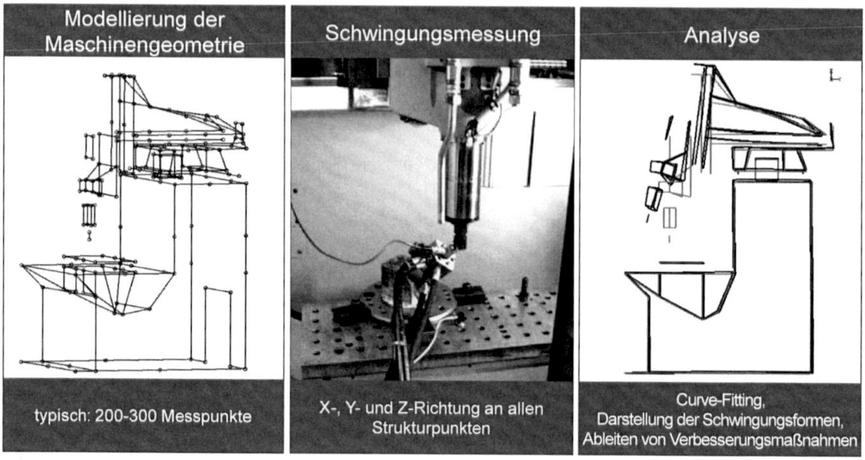

Bild 2.3: Experimentelle Modalanalyse (in Anlehnung an [WECK06a, MANO11])

Experimental modal analysis (in accordance to [WECK06a, MANO11])

Modalanalysen werden heute ausschließlich numerisch auf Computern durchgeführt, daher werden alle Sensorsignale digitalisiert. Die Leistung der Analog-Digitalwandlung wird durch die Größen Auflösung, Abtastrate und Kanalsynchronität definiert. Diese mussten im Laufe dieser Arbeit gesondert betrachtet werden.

Übliche Auflösungen heutiger Systeme liegen im Bereich von 8 bis 32 Bit. Ein analoges Signal wird hierbei in 256 bis 4.294.967.296 diskreten Stufen dargestellt und dabei ein Digitalisierungsfehler von 0,2 % bis 10^{-8} % bezogen auf den Gesamtbereich erreicht. Liegen die Ausschläge des Messsignals nur bei einem kleinen Teil des zulässigen Eingangsbereichs des Analog-Digitalwandlers (ADC), kann der Digitalisierungsfehler relevant werden. In vielen, wenn nicht allen ADC, ist aus diesem Grund das sogenannte *Ranging* möglich, bei dem die Bit-Anzahl auf einen Teil des zulässigen Eingangbereichs verteilt und damit der auf den Signalpegel bezogene Fehler verkleinert wird. Der Digitalisierungsfehler findet bei der Aufnahme von Signalen der positionssensitiven Diode in dieser Arbeit besondere Beachtung (vgl. Kapitel 5.1).

Die Abtastrate bestimmt die Frequenzbandbreite, bei Basisbändern ($f_{min} = 0$ Hz) die höchste aufzulösende Frequenz (f_{max}). Nach dem Shannon-Theorem sind für eine eindeutige Identifikation einer Frequenz im Basisband mindestens zwei Messpunkte pro Schwingungsintervall notwendig [SHAN49]. Die Mindestabtastrate ist doppelt so hoch wie die höchste zu identifizierende Frequenz. Damit höhere Frequenzen das digitalisierte Nutzsignal nicht verfälschen (Aliazing Effekt), müssen sie aus dem analogen Signal entfernt werden. Analoge Antialiazing Filter besitzen einen endlich steilen Amplitudenabfall und einen Phasenabfall. In Folge des endlichen Amplitudenabfalls kommen Frequenzen aus dem Sperrband (dem eigentlich entfernten Bereich) gedämpft durch das Filter. Der Phasenabfall führt dazu, dass hochfrequente Signale auch innerhalb des Nutzbandes phasenverzerrt werden. Je steiler der Amplitudengang eines Filters, desto weiter reicht der Phasenabfall in das Nutzband hinein [BREC10]. Aus diesen Gründen werden Signale zur Frequenzanalyse „übertastet" (*oversampling*), das Übertastverhältnis in vielen kommerziellen Systemen zur Schwingungsmessung beträgt 2.56, bei *sigma-delta ADC* ist sie etwas kleiner. Nähere Erklärungen finden sich in [BRAN11 Kap. 3.2 und 11]. Abhängig von der Erregerart kann eine deutlich höhere Übertastung sinnvoll sein (vgl. Kapitel 4.2.3).

Die Kanalsynchronität und der Phaseneinfluss des Antialiazing-Filters spielen auch bei modernen Geräten eine gewisse Rolle. Zur korrekten Verarbeitung von Signalen aus unterschiedlichen Aufnahmekanälen müssen diese Effekte gegebenenfalls kompensiert werden. Bei der Aufnahme von analogen Signalen über parallel arbeitende ADC mit beliebigen aber gleichen Filtereigeschaften und anschließender Berechnung von Übertragungsfunktionen durch Quotientenbildung im Frequenzbereich ergeben sich durch die Digitalisierung keine nennenswerten systematischen Fehler. Insbesondere wirken Phasen- und Amplitudeneinflüsse des Antialiazing-Filters gleich auf Signale der Systemein- und –ausgangsgröße und werden bei der Bildung der Übertragungsfunktion kompensiert. Gesonderte Maßnahmen werden erforderlich, wenn zusätzlich über Zählerkarten ohne Filter erfasste Digitalsignale, oder über unterschiedliche ADC-Kanäle mit unterschiedlichen Filtern erfasste Analogsignale verarbeitet werden. Der Effekt der Filter muss hierzu bekannt sein und mathematisch kompensiert werden.

Als Antialiazingfilter werden typischerweise Filter mit linearem Phasenabfall (im Nutzfrequenzbereich) verwendet. Diese Filter zeigen für alle Frequenzanteile den gleichen zeitlichen Versatz (jedoch unterschiedlichen Phasenversatz), es wird von „gleicher Gruppenlaufzeit" gesprochen [TIET12]. Damit verhält sich das Filter im Nutzfrequenzbereich wie ein Totzeitglied. Die einfachste mathematische Korrekturmöglichkeit ist die lineare Phasenkorrektur der Übertragungsfunktion im Frequenzbereich. Gegebenenfalls etwas anspruchsvoller ist die Signalverschiebung im Zeitbereich. Die Verschiebung um eine ganzzahlige Anzahl von Abtastintervallen ist einfach durchzuführen. Bei Verschiebungen um Bruchteile von Abtastintervallen, muss digital neu abgetastet werden (resampling). Bei Mehrkanalwandlern werden serielle und parallele ADC unterschieden. Bei parallelen ADC besitzt jeder physikalische Kanal einen eigenen AD-Wandler. In seriellen ADC wandelt ein AD-Wandler die analogen Signale aller physikalischen Kanäle nacheinander. Dazu sind (in modernen Geräten) die physikalischen Kanäle mit *sample-and-hold* Funktion ausgestattet. Dabei werden die analogen Werte aller Kanäle zu einem exakten Zeitpunkt analog registriert und „gehalten", die sequentielle Digitalisierung bezieht sich dann auf analoge Signalwerte aus dem gleichen Zeitpunkt. Sind die „Digitalisierungszeitpunkte" mehrerer Kanäle einer Einheit oder zwischen Kanälen unterschiedlicher Einheiten nicht identisch, so ergibt sich wiederum ein linearer Phasenfehler des Totzeitverhaltens.

Datenverarbeitung

Die Übertragungsfunktion kann auf unterschiedliche Arten bestimmt werden. Ausgangspunkt ist jedoch stets die Frequenzzusammensetzung aller Signale. Diese wird mit Hilfe der Fouriertransformation berechnet. Die eindeutig umkehrbare Fouriertransformation rechnet Signale im Zeitbereich in eine Summe von harmonischen Funktionen um. Die Fouriertransformation ist mathematisch für unendlich lange stetige Funktionen definiert, ihr Ergebnis ist ebenfalls eine unendlich lange stetige Funktion. Für reale über einen Zeitintervall T aufgenommene und mit der Abtastzeit T_s digitalisierte Signale existiert die diskrete Fouriertransformation. Ihr Ergebnis beinhaltet Werte an diskreten Frequenzen mit dem Abstand Δf (Frequenzauflösung) bis zu einer maximale Frequenz f_{max}. Die Implikationen der maximalen Frequenz sind im Zusammenhang mit dem Shannon-Theorem besprochen worden. Die Frequenzauflösung führt dagegen zu Leckagefehlern, Bild 2.4. Dies bedeutet, dass nur Signalanteile, deren Periodendauer ganzzahlig im endlichen Zeitfenster vertreten ist, deren Frequenz entsprechend ein ganzzahliges Vielfaches von Δf ist, unverfälscht transformiert werden. Frequenzen und Amplituden der Signalanteile, die dieser Randbedingung nicht genügen, werden durch die diskrete Fouriertransformation verfälscht wiedergegeben. Da die wahre Frequenz nicht darstellbar ist, verteilt sich ihre Amplitude auf darstellbare Nachbarfrequenzen und weiter entfernte Seitenbänder. Die Eindeutigkeit und die Umkehrbarkeit der Fouriertransformation gehen hierbei nicht verloren. Die Information über die wahre Schwingung ist bereits im digitalisierten, beschränkten Zeitsignal nicht mehr vorhanden.

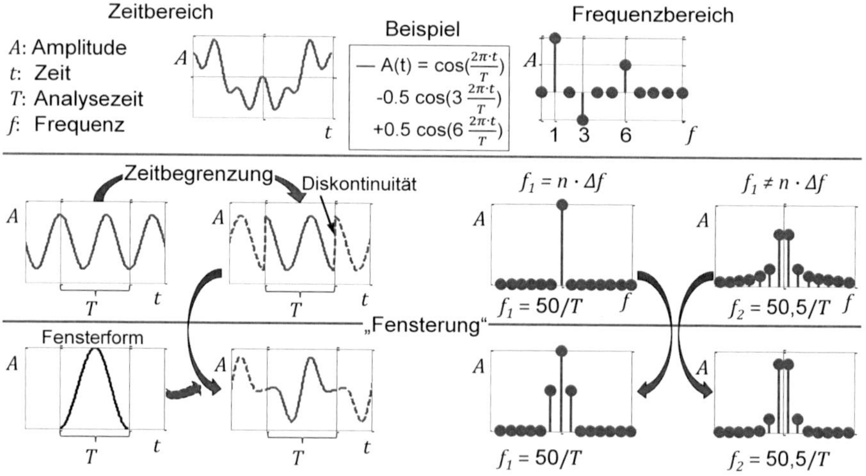

Bild 2.4: Fouriertransformation, Zeitbegrenzung, Fensterung und Leckage

Fourier transformation, time cut-off, windowing and leakage

Mehrere Ansätze werden verfolgt, um Leckagefehler zu minimieren. Eine Verlängerung der Aufnahmezeit senkt die Leckage, weil Frequenzlinien enger zusammenrücken, verlängert jedoch die Messzeit entsprechend. Verschiedene Anregungssignale führen zu geringerer Leckage, weil das eingebrachte Signal im gewählten Zeitfenster ganzperiodisch ist. Dagegen kann die durch den Erreger eingebrachte Energiemenge sinken oder schlechter über das Frequenzband verteilt sein, so dass mit Einbrüchen in der Qualität der ermittelten Übertragungsfunktion zu rechnen ist, vgl. [EWIN00, WECK06a, HEYL06, BRAN11].

Eine Möglichkeit zur Reduzierung der Leckage ist die Fensterung. Bei der Fensterung wird das Zeitsignal gewichtet, was zu einer deutlichen Amplitudenverstärkung im Hauptband und -dämpfung in den Seitenbändern führt. Dies bedeutet, dass die identifizierte Amplitude näher an der wahren liegt. Die Spitze, die die Frequenz angibt, wird durch die Fensterung dagegen verbreitert, ist damit weniger scharf. Die wahre Frequenzauflösung wird hierdurch verschlechtert, so dass zwei Schwingungsanteile ähnlicher jedoch um mehr als Δf unterschiedlicher Frequenzen zu einem „Frequenzhügel" verschwimmen können. Herleitungen und vertiefende Darstellung der Auswirkungen von Leckage können [SMDT85, EWIN00, WECK06a, HEYL06, BRAN11] entnommen werden. In [SMDT85] wird gezeigt, dass leckagebedingte Fehler stark von der Resonanzfrequenz und der Dämpfung beeinflusst werden. Der Fehler ist umso größer, je schärfer die Spitze der Übertragungsfunktion ist, das heißt, je kleiner die Dämpfung und niedriger die Frequenz.

Der Nachgiebigkeitsfrequenzgang ist der Quotient aus den Fourier-Transformierten des Verlagerungs- und des Kraftsignals:

$$H_0(j\omega) = \frac{S_X(j\omega)}{S_F(j\omega)} \tag{2.1}$$

$S_X(j\omega), S_F(j\omega)$: *Fourier-Transformierte von* $X(t), F(t)$

Diese Formel gilt analog für die allgemeine Berechnung von Übertragungsfunktionen und wird in einigen Quellen als H_0-Technik bezeichnet. Allerdings ist diese Berechnung der Übertragungsfunktion bei gemessenen Signalen sehr stark störungsanfällig und wird deshalb selten angewandt. Alternative Schätzungen enthalten gewisse Fehlerminimierungsverfahren und werden im nächsten Abschnitt behandelt.

Berechnung von Übertragungsfunktionen

Durch die Mittelung von Daten verschiedener Messintervalle und durch geschickte Gewichtung lässt sich die Qualität der ermittelten Übertragungsfunktion erhöhen. Die richtige Wahl der Gewichtung hängt vom zugrunde gelegten Fehlermodell ab. Ein gängiges Fehlermodell ist in Bild 2.5 dargestellt. Ausgehend von Annahmen bezüglich der Störungsgrößen wird das Mittelungsverfahren gewählt und entsprechend Tabelle 2.1 berechnet.

Bild 2.5 zeigt ein Prinzipbild des Signalflusses in einer Apparatur zur Frequenzgangmessung. Ein digitales Steuersignal wird in einem Digital-Analogwandler (DAC) zu einem analogen Signal gewandelt und über einen Erreger mit zugehörigem Verstärker in eine dynamische Kraft auf einen Strukturpunkt umgesetzt. Auf diese Kraft antwortet die Struktur mit einer Verlagerung. Das Kraftsignal und das Verlagerungssignal werden aufgenommen, wobei in den Sensoren und Verstärkern den Signalen

Störungen zugeführt werden. Das Steuersignal kann ebenfalls aufgenommen werden. Unabhängig davon ob das digitale oder, wie im Bild dargestellt, das analoge Signal erfasst wird, ist davon auszugehen, dass es störungsfrei aufgenommen wird.

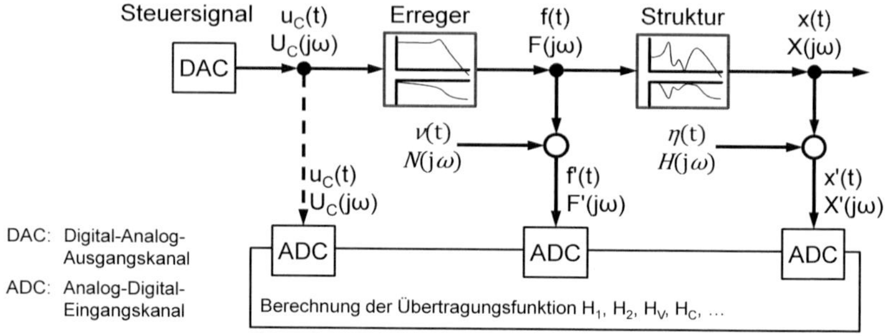

Kleine Buchstaben: Zeitbereich
Große Buchstaben: Frequenzbereich
f', F', x', X': *verrauschte Signale*

$U_C(j\omega)$, $u_C(t)$ Steuersignal
$N(j\omega)$, $\nu(t)$ Störanteil im Kraftsignal
$H(j\omega)$, $\eta(t)$ Störanteil im Verlagerungssignal

Bild 2.5: Fehlermodelle bei der Berechnung der Übertragungsfunktionen
Error model for computation of frequency response functions

Tabelle 2.1 fasst die häufigsten Berechnungsverfahren für Übertragungsfunktionen zusammen. Die Mittelung basiert hierbei stets auf der Annahme, dass Störsignale mit den Nutzsignalen nicht korrelieren. Weck bietet eine erweiterte Übersicht, in der er weitere, hier nicht berücksichtigte Fehlerpfade aufzeigt und Einflüsse diskutiert [WECK69]. So kann zum Beispiel ein Störsignal auf das Steuersignal addiert werden, so dass Kraft- und Verlagerung um diesen Anteil untereinander, jedoch nicht mit dem Steuersignal korrelieren.

In gängigen Lehrbüchern wird die Dämpfung von Störsignalen erörtert [MAIA98, EWIN00, WECK06a, HEYL06, BRAN11]. Es wird gezeigt, dass sich mit steigender Mittelungszahl der Einfluss der im jeweiligen Modell angenommenen Störung beliebig verkleinern lässt – vorausgesetzt, die Störungen sind mit den Nutzsignalen nicht korreliert. Beim ausgangsgestörten Fehlermodell H_1 werden die mit dem Eingangssignal nicht korrelierten Störanteile des Ausgangssignals gedämpft, beim eingangsgestörten Modell H_2 – entsprechend die Störungen der Eingangsgröße. Die H_v-Methode ist für die Berechnung der Übertragungssysteme mit mehreren Ein- und Ausgängen (MIMO) entwickelt worden und ist eigenwertbasiert. Nur im Fall eines Systems mit einem Ein- und einem Ausgang (SISO) vereinfacht sich die Berechnung zum geometrischen Mittelwert von H_1 und H_2 [ROCK87]. Bei der erregergewichteten Berechnung wird die Fouriertransformierte des Steuersignals eines Erregers verwendet. Es ist davon auszugehen, dass das Steuersignal störungsfrei erfasst wird und Störungen sowohl auf der Ein- wie der Ausgangsseite durch Mittelung gedämpft werden können.

Tabelle 2.1: Häufig verwendete Schätzungen für Übertragungsfunktionen
Most commonly used estimators for frequency response functions

Name	Formel	
Ausgangsgestörtes Fehlermodell	$H_1(j\omega) = \frac{\overline{S_{XF}}(j\omega)}{\overline{S_{FF}}(j\omega)}$	(2.2)
Eingangsgestörtes Fehlermodell	$H_2(j\omega) = \frac{\overline{S_{XX}}(j\omega)}{\overline{S_{FX}}(j\omega)}$	(2.3)
Geometrischer Mittelwert	$H_V(j\omega) = \sqrt{H_1(j\omega) \cdot H_2(j\omega)}$	(2.4)
Erregergewichtete Berechnung	$H_C(j\omega) = \frac{\overline{S_{XC}}(j\omega)}{\overline{S_{FC}}(j\omega)}$	(2.5)
Mit:	$H_i(j\omega)$ Schätzung der Übertragungsfunktion nach Verfahren i	
$\overline{S_{ij}}$: Gemittelte Leistungsspektren	$\overline{S_{ij}} = \frac{\sum_{k=1}^{N} S_{ij}^k}{N}$ mit $i,j = X,F$ und N: Anzahl Mittlungen	(2.6)
$i = j$ Autoleistungsspektrum, $i \neq j$ Kreuzleistungsspektrum	$S_{ij} = S_i \cdot S_i^*$ mit S^*: S komplex-konjugiert	(2.7)

Die Schätzung der Übertragungsfunktion H_1 unterschätzt im Allgemeinen den Absolutwert der Übertragungsfunktion, während die Schätzung H_2 ihn überschätzt. Die Phase beider Schätzungen ist dagegen gleich. Je näher die Übertragungsfunktionen H_1 und H_2 zusammen liegen, desto geringer ist der Einfluss der zufälliger Fehler auf die gemessene Übertragungsfunktion. Der Quotient aus H_1 und H_2 – die Kohärenz γ^2 – wird deswegen als Gütemaß herangezogen [MITC82]. Es gilt:

$$|H_1(j\omega)| \leq |H_{\text{wahr}}(j\omega)| \leq |H_2(j\omega)| \qquad \frac{H_1(j\omega)}{H_2(j\omega)} = \gamma^2(j\omega)$$
$$0 < \gamma^2 \leq 1 \qquad \varphi(H_1) = \varphi(H_2) \tag{2.8}$$

Die Kohärenz als Gütemaß stellt die Abweichung des Systems von einem kausalen, linearen Verhalten zwischen Ein- und Ausgangsgrößen dar. Sie kann als Maß für die Wiederholbarkeit der Messung angesehen werden (Abweichung von der strickten Kausalität). Außerdem sinkt die Kohärenz bei ausgeprägtem nicht linearem Verhalten des Untersuchungsobjektes. Die Kohärenz spiegelt dagegen keine systematischen Fehler wieder, die die lineare Kausalität zwischen Ein- und Ausgangssignalen nicht stören.

Ahlborn untersucht in seiner Arbeit Mess- und Parameterfehler bei der Modalanalyse von Maschinen [AHLB92, TOEN92]. Hierin werden systematische Einflussfaktoren auf die Berechnung der Übertragungsfunktion und der Kohärenz zusammengestellt. Des Weiteren werden Schätzwerte für die Varianz und den Unsicherheitsbereich der gemessenen Werte der Übertragungsfunktion abgeleitet. Weck verwendete die Methode der Berechnung von Übertragungsfunktionen bei Systemen mit mehreren Ein- und Ausgängen (MIMO) für die Bestimmung der dynamischen Eigenschaften von Werkzeugmaschinen unter Arbeitsbedingungen [WECK69]. Es handelte sich um Mehrpunkterregung der Maschinen; einerseits durch einen Erreger und andererseits durch den Prozess selbst. Das Systemmodell und die wichtigsten Zusammenhänge zur Berechnung von Übertragungsfunktionen sind in Bild 2.6 dargestellt.

Weck stellt heraus, dass bei der Berechnung der Übertragungsfunktionen die Korrelation der Eingänge beachtet werden muss. Hierbei sind drei Szenarien vorstellbar: unkorrelierte Eingänge ($\gamma^2 \equiv 0$), zwei oder mehrere Eingänge sind korreliert ($0 \leq \gamma^2 \leq 1$), zwei oder mehrere Eingänge sind perfekt korreliert ($\gamma^2 \equiv 1$). Im Falle der perfekten Korrelation können lineare Übertragungsfunktionen gefunden werden, die den Zusammenhang zwischen den Eingangskanälen beschreiben. Übertragungsfunktionen des Systems bezüglich dieser Eingänge können nur mit Variation des Übertragungsverhaltens zwischen den Eingängen ermittelt werden.

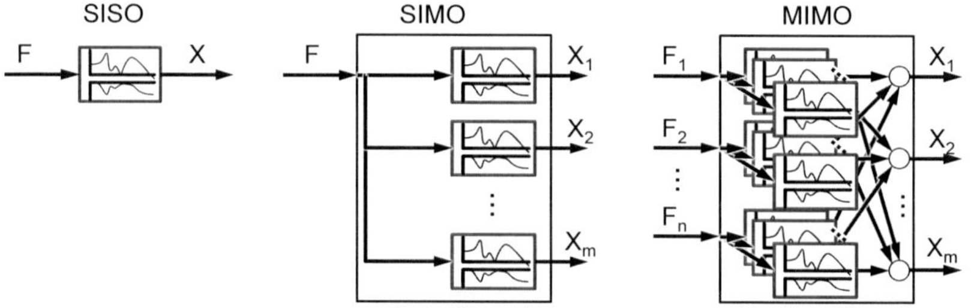

$$X = H \cdot F$$

$$\begin{bmatrix} X_1 \\ X_2 \\ \vdots \\ X_m \end{bmatrix} = \begin{bmatrix} H_1 \\ H_2 \\ \vdots \\ H_n \end{bmatrix} \cdot F$$

$$\begin{bmatrix} X_1 \\ X_2 \\ \vdots \\ X_m \end{bmatrix} = \begin{bmatrix} H_{11} & H_{21} & \cdots & H_{n1} \\ H_{12} & H_{22} & \cdots & H_{n2} \\ \vdots & \vdots & \ddots & \vdots \\ H_{1m} & H_{2m} & \cdots & H_{nm} \end{bmatrix} \cdot \begin{bmatrix} F_1 \\ F_2 \\ \vdots \\ F_n \end{bmatrix}$$

Bild 2.6: Lineare Systeme mit einem Ein- und Ausgang (SISO), einem Eingang und mehreren Ausgängen (SIMO) und mehreren Ein- und Ausgängen (MIMO)

Linear systems with a single input and output (SISO), a single input and multiple outputs (SIMO) and multiple inputs and multiple outputs (MIMO)

Bei unkorrelierten Eingängen kann das Übertragungsverhalten im Prinzip nach Gleichungen für SISO-Systeme ermittelt werden. Allerdings muss in diesem Fall sehr lange, das heißt über sehr viele Perioden, gemittelt werden und die Kohärenz bleibt klein, weil die Einflüsse der übrigen Eingänge auf einen gegebenen Ausgang als Rauschen „herausgemittelt“ werden müssten. Das Übertragungsverhalten des Systems unter simultanen Berücksichtigung aller unkorrelierter und schwach korrelierter Eingänge kann in Analogie zu SISO-Systemen berechnet werden. Unter Benutzung der Matrixschreibweise wird zusätzlich zu Übertragungsfunktionen die sogenannte multiple Kohärenz gebildet [WECK69, EWIN00, HEYL06, BRAN11]. Die multiple Kohärenz gibt an, welcher Teil jedes Ausgangssignals als Kombination der linearen Übertragungsfunktionen aller Eingangssignale darstellbar ist. Tabelle 2.2 gibt die analoge Berechnung der Übertragungsfunktionen und der multiplen Kohärenz wieder.

Tabelle 2.2: Schätzungen für Übertragungsfunktionen und die multiple Kohärenz

Estimators for frequency response functions and the multiple coherence

Name	Formel	
Ausgangsgestörtes Fehlermodell	$H_1 = \overline{S_{XF}} \cdot \overline{S_{FF}}^{-1}$	(2.9)
Erregergewichtete Berechnung	$H_C(j\omega) = \overline{S_{XC}} \cdot \overline{S_{FC}}^{-1}$	(2.10)
Multiple Kohärenz	$\gamma^2 = \overline{S_{XX}}^{-1} \cdot \overline{S_{XF}} \cdot \overline{S_{FF}}^{-1} \cdot \overline{S_{FX}}$	(2.11)
Es gelten Gleichungen 2.6, 2.7. Bei der Rechnung in Matrixschreibweise gilt:		
$S_{ij} = S_i \cdot S_j^{*T}$	mit S^{*T} - S transformiert und komplex-konjugiert	(2.12)

Die H_2-Schätzung kann nur für den Sonderfall angegeben werden, wenn die Anzahl der Ein- und Ausgänge gleich ist und hat deswegen eine eingeschränkte Verwendbarkeit. Bei der H_C-Schätzung ist dagegen die Voraussetzung der gleichen Anzahl der Steuer- und Kraftsignale im Regelfall erfüllt. Die multiple Kohärenz zeigt entsprechend der Kohärenz bei SISO-Systemen, welcher Anteil der Ausgänge von den Eingängen linear abhängt. Insbesondere streben die einzelnen Einträge der Kohärenzmatrix auch dann gegen eins, wenn ein Anteil des Ausgangssignals von einem anderen Eingangssignal linear abhängt. Signale der positionssensitiven Diode können zur Erregerkraft nicht korrelierte Störsignale aus dem Rohsignal des Interferometers enthalten. Da die Interferometer-Rohsignale ebenfalls aufgenommen werden können, lässt sich über die multiple Kohärenz ein besseres Bild der wahren Wiederholbarkeit der Messung erstellen.

Modalanalyse Identifikations-Methoden

Ziel der Modalanalyse sind Erkenntnisse über die Schwingungsformen der untersuchten Struktur. Je nach Einsatzgebiet (vgl. Kapitel 2.1.2) kann hierbei eine mathematische Formulierung der Schwingungsform notwendig sein.

Historisch werden Phasentrennungsverfahren und Phasenresonanzverfahren unterschieden. Bei Phasentrennungsverfahren werden gemessene Übertragungsfunktionen mit mathematischen Ansatzfunktionen approximiert und die freien Parameter der Ansatzfunktionen berechnet. Sie haben seit der rasanten Entwicklung der elektronischen Datenverarbeitung mit Abstand die größere Bedeutung [AHLB92, MILB95, MAIA98, HEYL06]. Bild 2.7 stellt die Vielzahl der unterschiedlichen Modalanalyse Identifikations-Methoden dar.

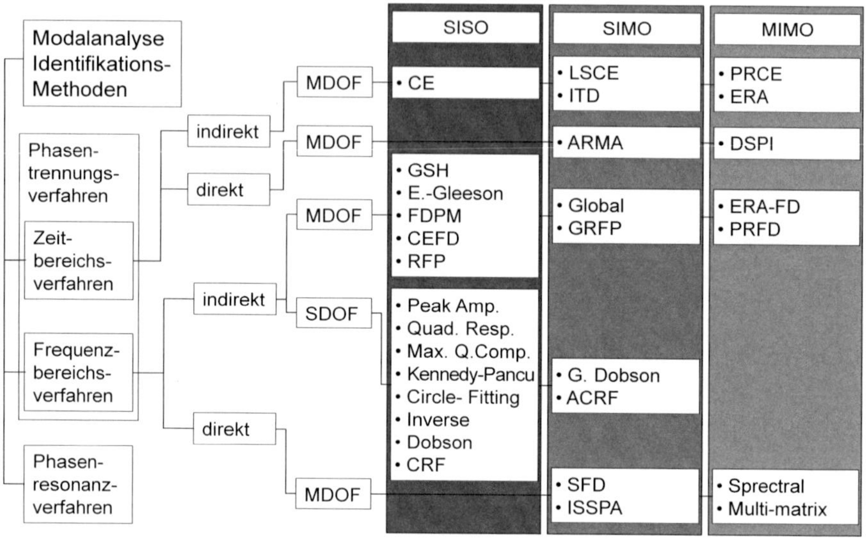

Bild 2.7: Klassifikation von Modalanalyseverfahren (in Anlehnung an [MAIA98])

Classification of modal analysis methods (in accordance to [MAIA98])

Das Phasenresonanzverfahren basiert auf dem Umstand, dass Werkzeugmaschinen typischerweise schwach gedämpfte Strukturen mit häufig deutlich separierten wichtigsten Resonanzstellen sind. Infolge dessen sind die Schwingungsformen an Resonanzfrequenzen weitgehend mit den Eigenformen identisch, die Eigenvektoren sind (nahezu) reell (d.h. die imaginäre Komponente ist sehr klein). Physikalisch bedeutet dies, dass alle Strukturpunkte zu einander entweder in Phase oder gegenphasig schwingen. Bei einer reinen Sinusanregung mit einer Resonanzfrequenz wurden die Bewegung jedes interessierenden Strukturpunktes in jeder Richtung im Oszilloskop mit dem Signal eines Bezugspunktes in einer zweidimensionalen Darstellung angezeigt (*Lissajous*-Figur). Die sich ergebende Figur, idealerweise ein schräger Strich, meist jedoch eine schlanke Ellipse zeigt das Amplitudenverhältnis und die Phasenlage (in Phase oder gegenphasig) der beiden Signale an. Daraus wurde Punkt für Punkt und Richtung für Richtung die Schwingungsform grafisch ermittelt [OPIT71].

Phasentrennungsverfahren lassen sich in Zeitbereichs- und Frequenzbereichsverfahren einteilen. Für eine detaillierte Darstellung der Vorgehensweisen und der Vor- und Nachteile sei auf [BROW79, MILB95, MAIA98, EWIN00] verwiesen. Besonders relevant im Folgenden sind die Beschreibung der Schwingungsformen und der Vergleich auf unterschiedlichen Wegen ermittelter Schwingungsformen (verschiedene Messgeräte, Messgerät und FEM-Rechnung etc.).

Die Ansatzfunktionen zur Beschreibung von Mehrmassenschwingersystemen sind am Anfang dieses Kapitels eingeführt worden (vgl. Bild 2.2).

$$\vec{X} = \sum_{k=1}^{n} \frac{\vec{\psi_k} \cdot \vec{\psi_k^T} \cdot \vec{F}}{a_k[-\mu_{0k} + j(\omega - \nu_{0k})]} + \frac{\vec{\psi_k^*} \cdot \vec{\psi_k^{*T}} \cdot \vec{F}}{a_k^*[-\mu_{0k} + j(\omega + \nu_{0k})]} \tag{2.13}$$

Hierin wird die k-te Eigenform durch die Größen Eigenvektor ψ_k, Dämpfung D_k und Eigenwert $-[\mu_{0k} + j \cdot \nu_{0k}]$ beschrieben. Eigenvektoren beschreiben die Eigenschwingungsform des Systems und können wie bei einem typischen Eigenwertproblem beliebig skaliert werden. In der verwendeten Schreibweise wurden Steifigkeitskoeffizienten a_k als Skalierungsfaktoren genutzt. Die Skalierungsfaktoren können bei der Darstellung der Schwingungsformen von Werkzeugmaschinen z. B. so gewählt werden, dass die Eigenvektorkomponente in X-Richtung am Tool Center Point der Maschine entsprechend dem Nachgiebigkeitsfrequenzgang skaliert ist. Es existiert eine Reihe weiterer Ansatzfunktionen, die auf den jeweiligen Fitting-Algorithmus angepasst ist, allerdings sind diese ineinander überführbar (vgl. [WECK06a, S. 228-233]).

Über den Vergleich der Eigenvektoren lassen sich quantitative Aussagen über die ermittelten Eigenvektoren gewinnen. Ein quantitativer Vergleich wird durch das sogenannte *Modal Assurance Criterion* (MAC), Gleichung (2.14) und von diesem abgeleitete Größen hergestellt. Eine Übersicht über MAC und abgeleitete Größen liefert Allemang [ALLE03].

$$\mathrm{MAC}(\vec{\psi_A}, \vec{\psi_B}) = \frac{\left|\vec{\psi_A^T} \cdot \vec{\psi_B^*}\right|^2}{\left(\vec{\psi_A^T} \cdot \vec{\psi_A^*}\right) \cdot \left(\vec{\psi_B^T} \cdot \vec{\psi_B^*}\right)} \tag{2.14}$$

Der MAC-Wert ist ein reeller Skalar zwischen 0 und 1, selbst wenn die Moden komplex sind. Aus den MAC-Werten wird die MAC-Matrix aufgebaut, indem aus zwei Eigenvektormatrizen $\overline{\overline{\Psi}}_{A,B}$ (vgl. Bild 2.2) alle Eigenvektoren miteinander verglichen werden. Gilt $\overline{\overline{\Psi}}_A = \overline{\overline{\Psi}}_B$, handelt es sich also um dieselbe Matrix, wird der Begriff AutoMAC verwendet. Zur Abgrenzung wird im Fall unterschiedlicher Eigenvektormatrizen der Begriff CrossMAC verwendet. Damit kann z. B. die Übereinstimmung eines simulierten und eines gemessenen Systems beurteilt und eine Aussage über die Güte der Modellbildung und der Simulation getroffen werden.

Für die Bildung des CrossMACs müssen sich die Eigenvektoren auf das logisch gleiche System beziehen. Das bedeutet z.B. für den FEM-Experiment-Abgleich, in der FEM müssen Knotenpunkte ausgewählt werden, die den Messpunkten der experimentellen Modalanalyse entsprechen. Die Anordnung im Eigenvektor muss ebenfalls gleich sein. Dagegen muss die Anzahl der Moden nicht übereinstimmen.

Der Zähler des MAC (Skalarprodukt) und entsprechend der MAC-Wert selbst wird zu Null, wenn zwei Eigenvektoren orthogonal sind. Der MAC-Wert wird zu eins, wenn die Eigenvektoren gleich sind. Durch einfache Umformung lässt sich zeigen, dass der Wert eins auch bei gleichen nur unterschiedlich skalierten Vektoren erreicht wird.

Daraus lassen sich folgende Schlüsse ziehen:

- Die AutoMAC-Matrix von analytischen Modellen (auch FEM-Modellen) ist die Einheitsmatrix
- Die Hauptdiagonale der experimentellen AutoMAC-Matrix enthält nur die Werte eins, weitere Einträge sind jedoch nicht zwangsläufig 0
- Die experimentell ermittelten Eigenvektoren sind umso besser, je kleiner die AutoMAC-Werte außerhalb der Hauptdiagonalen sind
- Eine gute Eigenform-Übereinstimmung der Ergebnisse aus unterschiedlichen Quellen wird durch Werte nahe eins in je nur einem Eintrag jeder Zeile und Spalte der MAC-Matrix und Werte nahe null überall sonst angezeigt
- Aus MAC-Matrizen gehen nicht die Übereinstimmungen in der Frequenz und Dämpfung hervor, die Frequenzen werden jedoch typischerweise notiert

Die MAC-Matrix Einträge nahe eins liegen dann nicht auf der Hauptdiagonale, wenn in Ergebnissen aus unterschiedlichen Quellen einige Eigenwerte mehr oder weniger enthalten sind. So haben FEM-Ergebnisse von Werkzeugmaschinen häufig wesentlich mehr Eigenformen als in der experimentellen Modalanalyse ermittelt werden. Bild 2.8 zeigt ein Beispiel für das *Modal Assurance Criterion* mit den unterschiedlichen Darstellungsarten für Ergebnisse aus den Quellen A und B.

		A						
	f_B \ f_A	10	13	40	122	211	256	349
	9	.950	.001	.021	.080	.029	.001	.275
	14	.001	.880	.007	.001	.006	.019	.045
B	39	.021	.007	.930	.100	.015	.004	.003
	121	.080	.001	.100	.870	.022	.002	.667
	214	.029	.006	.015	.022	.890	.008	.019
	255	.001	.019	.004	.002	.008	.690	.017
	351	.275	.045	.003	.667	.019	.017	.960

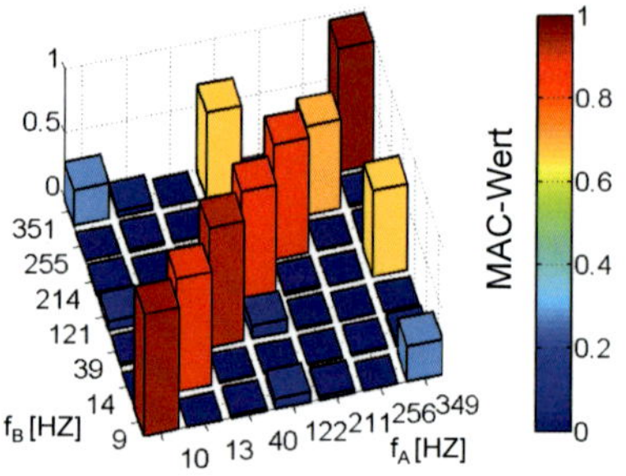

Bild 2.8: MAC, numerische Notation und graphische Darstellung

MAC, numeric notation und graphical representation

Der *FRAC*-Wert ermöglicht eine quantitative Bewertung der Übereinstimmung zweier Übertragungsfunktionen [ALLE03]. Analog zum *MAC* liegt der Wert des *frequency response assurance criterion* (*FRAC*) zwischen 0 und 1. Bei guter Übereinstimmung von Übertragungsfunktionen liegt der Wert nahe eins, bei schlechter Übereinstimmung nahe null. Mit Hilfe des *FRAC* wird die Übereinstimmung der ganzen Verläufe der Übertragungsfunktion in einem einzigen Wert zusammengefasst (Gl. 2.15) .

$$\mathrm{FRAC}(H_A, H_B) = \frac{|H_A^T \cdot H_B^*|^2}{(H_A^T \cdot H_A^*) \cdot (H_B^T \cdot H_B^*)} \qquad (2.15)$$

Der *FRAC* ist unempfindlich gegen Skalierung – der *FRAC* zweier Übertragungsfunktionen mit einem konstanten Skalierungsfaktor ist eins – anders als beim MAC ist dies jedoch eine systematische Bewertungslücke. Die Bewertung des *FRAC* ist quadratisch zur Differenz der Übertragungsfunktionen, wohingegen die übliche qualitative Betrachtung und damit die Bewertung der Übertragungsfunktionen durch den Anwender logarithmisch ist. Der *FRAC* reagiert sehr stark auf Frequenzverschiebungen, so dass zwei nur leicht unterschiedliche Graphverläufe an einer schwach gedämpften Resonanzstelle zu sehr niedrigen *FRAC*-Werten führen können.

Der CrossMAC wird in dieser Arbeit zum Vergleich der Modalanalyseergebnisse im Einstrahlverfahren mit dem konventionellen Verfahren verwendet. Der *FRAC* wird in dieser Arbeit zum Vergleich und zur Bewertung der mit verschiedenen Messmitteln bzw. unter unterschiedlichen Randbedingungen gemessenen Nachgiebigkeitsfrequenzgänge eingesetzt.

2.1.2 Einsatzgebiete, Vorgehensweise am Beispiel von Werkzeugmaschinen

Fields of application, procedure using the example of machine tools

Die Einsatzgebiete der Schwingungsmessung sind heute so weitläufig, dass eine Auflistung nicht vollständig sein kann. Die Themen der Beiträge von großen Konferenzen wie der IMAC in den USA [IMAC12 und frühere], ISMA-USD an der KU Leuven in Belgien [ISMA12 und frühere] sowie den VDI-Schwingungstagungen [VDI04 und frühere] geben einen Überblick über den Einsatz der Modalanalyse und die zeitliche Entwicklung der Forschungsschwerpunkte. Neben Werkzeugmaschinen werden Modalanalysen insbesondere an Fahrzeugen und Flugzeugen, Schiffen [HUTC76, SWAR09, NIEM11], Brücken und Gebäuden, Sportgeräten [BANW12], Musikinstrumenten [MALO09] und Lautsprechern, Hörgeräten und Organen (in vitro und in vivo; insbesondere Herz und Innenohr) an Modellen und Komponenten durchgeführt. Verstärkt finden in jüngerer Zeit Untersuchungen an Windenergieanlagen [VDI12] statt.

Einsatzgebiete für Modalanalysen

Die wichtigsten Motivationen für den Einsatz der Modalanalyse sind die Charakterisierung von Materialeigenschaften, der Abgleich theoretischer Modelle und Simulationsergebnisse sowie die Identifikation mechanischer Strukturschwachpunkte. Der Einsatz und die Verwertung der in einer experimentellen Modalanalyse gewonnen Daten entscheiden über die Anforderungen an die Modalanalyse. Bild 2.9 stellt die wichtigsten von Ewins [EWIN00], Weck [WECK06a], Ahlborn [AHLB92], Maia [MAIA98] und Heylen [HEYL06] genannten Arten der Verwendung der Ergebnisse der experimentellen Modalanalyse zusammen.

Nutzung der Modalanalyse-Ergebnisse	Prinzipbild
Modenzuordnung	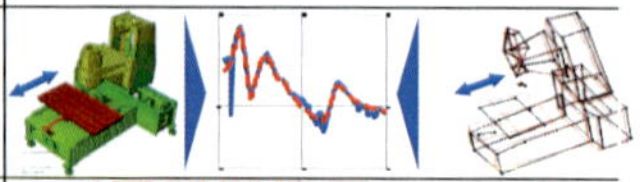
Experimentelle Identifikation dynamischer Schwachstellen	
Modellkorrelation	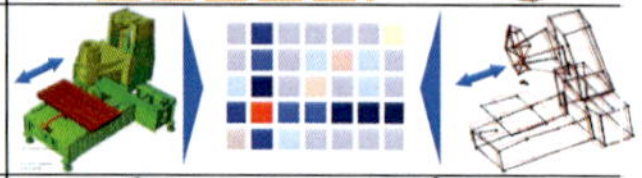
Substrukturkopplung	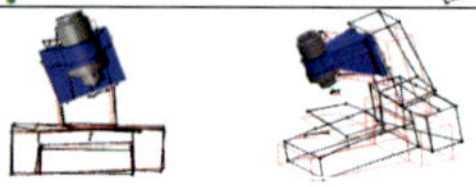

Bild 2.9: Verwendung der Ergebnisse der experimentellen Modalanalyse
Exploitation of experimental modal analysis results

Die **Modenzuordnung** ist wohl die häufigste Einsatzart für die experimentelle Modalanalyse. Hierbei soll ein theoretisches oder numerisches Modell mit realen Messungen abgeglichen und abgesichert werden. Als Ergebnisse werden genaue Eigenfrequenzen benötigt. Schwingungsformen müssen dagegen nur die Zuordnung der gemessenen zu den berechneten Moden erlauben. Diese Zuordnung wird qualitativ, meist mit Hilfe bewegter Bilder auf einem Bildschirm durchgeführt. Anforderungen an ein geometrisches Modell und die Genauigkeit der gemessenen Eigenmoden sind hierbei relativ gering. Bei stark separierten Moden kann die Darstellung der Schwingungsform bei Resonanzfrequenzen ausreichen und die eigentliche Modenberechnung kann entfallen. Teilweise wird auch ein qualitativer Abgleich der Nachgiebigkeitsfrequenzgänge typischerweise am Tool Center Point durchgeführt.

Bei der **experimentellen Identifikation dynamischer Schwachstellen** werden direkt aus den experimentellen Daten Ursachen für eine Schwingungserscheinung ermittelt und Verbesserungsmaßnahmen abgeleitet. Ein gewisser Abgleich der Experimentaldaten mit der „ingenieursmäßigen Abschätzung" des Schwingungsphänomens erfolgt. Die Anforderungen an das geometrische Modell sind bereits wesentlich höher als bei der Modenzuordnung und sehr anwendungsspezifisch. Zum Beispiel kann die Messpunktdichte an bestimmten Koppelstellen besonders hoch sein. In Bezug auf Werkzeugmaschinen wird die Vorgehensweise für Modalanalysen zu diesem Zweck weiter unten detailliert.

Bei der **Modellkorrelation** werden verschiedene Ergebnisse quantitativ korreliert (z.B. über CrossMAC). Durch eine mathematische formale Beschreibung des Abgleichs kann eine quantitative Bewertung erfolgen und Gründe für die Diskrepanzen der Ergebnisse genauer benannt werden. Numerische Modelle können auf diese Weise zielführender (teilweise automatisierbar) durch den Abgleich mit Messdaten optimiert werden. Entsprechend sind die Anforderungen an das geometrische Modell und insbesondere an die ermittelten Eigenvektoren noch höher als bei der experimentellen Identifikation dynamischer Schwachstellen. Zur korrekten Abbildung der Dämpfung können Nachgiebigkeitsfrequenzen quantitativ verglichen werden. FRAC und abgeleitete Kennzahlen gelten als Optimierungskriterium

Die **Substrukturkopplung** stellt noch wesentlich höhere Anforderungen an die Ergebnisse der experimentellen Modalanalyse als die Modellkorrelation, weil hierbei das experimentell ermittelte Modell direkt mit einem numerischen oder einem weiteren experimentellen Modell gekoppelt oder z.B. in ein numerisches Modell eingebunden wird. Im Unterschied zu den zuvor genannten Methoden werden auch wesentlich höhere Anforderungen an die Vollständigkeit des Modells gestellt. Moden innerhalb des interessierenden Frequenzbereich und außerhalb jedoch nah am Selbigen dürfen nicht aus der Beschreibung herausgelöst werden, ohne erhebliche Einbuße bei den Kombinationsergebnissen der Substrukturkopplung in Kauf nehmen zu müssen.

Wichtigste Arbeiten auf dem Gebiet der messtechnischen Untersuchung der Strukturdynamik von Werkzeugmaschinen leisteten Weck und Hoffmann mit der Untersuchung von Werkzeugmaschinen unter Betriebsbedingungen [HOFF67, WECK69] und Weck mit der sehr umfangreichen Darstellung der Messtechnik, Beurteilungsverfahren und der Einflussgrößen auf das dynamische Verhalten von Werkzeugmaschinen [WECK71]. Der Einzug der Digitaltechnik auf dem benannten Gebiet förderte den weiten Einsatz der Berechnung der modalen Parameter aus gemessenen Übertragungsfrequenzgängen: Prößler [PROE81], Kiehl [KIEH84], Tönshoff [TOEN84], und Kirchknopf [KIRC89]. Ahlborn schließlich analysierte Fehler in Messungen und Berechnung von modalen Parametern bei Modalanalysen an Werkzeugmaschinen [AHLB92].

Schwingungen an Werkzeugmaschinen

Schwingungen an Werkzeugmaschinen können die nutzbare Maschinenleistung und damit die Produktivität der Maschine erheblich herabsetzen, zu einer Verschlechterung der Werkstückoberflächen, erhöhtem Werkzeugverschleiß oder Werkzeugbruch führen, die Maschine mechanisch überlasten und hohe Lärmbelastung für Mitarbeiter herbeiführen. Grundsätzlich werden nach Errogungsart fremd- und selbsterregte Schwingungen unterschieden. Fremderregung wird der Maschine von außen zugefügt (*external excitation,* z. B. in der Nähe stehende Anlagen) oder durch Maschinenkomponenten und –aggregate (*internal excitation,* z. B. Spindelunwucht) erzeugt. Fremderregung lässt sich im Regelfall relativ einfach lokalisieren und gegebenenfalls abstellen. Bei Selbsterregung (*self excitation*) entstehen Maschinenschwingungen dagegen auch ohne Einwirkung von äußeren Kräften und können zu hohen Amplituden anwachsen [WECK06a]. Sie wird durch die Interaktion zwischen Prozess- und Maschine verursacht. Das regenerative Rattern als Unterart der selbsterregten Schwingungen ist hierbei hervorzuheben [BREC09, AURI09].

Wichtige Forschungsergebnisse zum Thema selbsterregter Schwingungen bei spanender Fertigung mit geometrisch bestimmter Schneide stellen folgende Arbeiten dar: Kaschirin beschreibt in seiner Arbeit bereits 1944 den Regenerativeffekt und die negative Kraft-Schnittgeschwindigkeitskennlinie als Ursache von Selbsterregten

Schwingungen [KASC44]. Stefaniak stellt rein theoretische Überlegungen zu selbsterregten Schwingungen an und beschreibt zusätzlich zu Kashirin den heute als Lagekopplung bekannten Effekt [STEF54]. Tlusty et al. und Tobias et al. machen in einer Reihe von Arbeiten den Regenerativeffekt bei Werkzeugmaschinen berechenbar [TLUS56, TLUS62, TOBI56]. Entsprechende Arbeiten zu Schleifprozess und Schleifmaschinen stammen von Younis [YOUN72], Klotz [KLOT87], Folkerts [FOLK93], Alldieck [ALLD94], Hennes [HENN98] und Hannig [HANN07]. Diese Arbeiten haben die heute üblichen Begriffe Spandickenmodulation, Rattersäcke und Grenzphasenkurve geprägt. Das Interesse an dem Thema ist ungebrochen hoch. Die neuesten Erkenntnisse sind im CIRP Keynote-Paper [BREC09] und dem Abschlussbericht des DFG Schwerpunktprogramms 1180 [DENK13] zusammengefasst.

Untersuchung und Beurteilung der Dynamik von Werkzeugmaschinen

Messtechnische Untersuchungen der Dynamik von Werkzeugmaschinen werden in verschiedenen Lebenszyklusphasen der Maschinen durchgeführt. Zur Verbesserung der Realitätstreue von Simulationsmodellen werden Komponenten und Baugruppen, Prototypen und erste Serienmaschinen untersucht. Zum Vergleich verschiedener Konzepte werden Prototypen vermessen. Im Falle von im Betrieb auftretenden Schwingungsphänomenen werden teilweise umfangreiche messtechnische Untersuchungen an Serienmaschinen durchgeführt. Das typische wenn nicht das allgemein gültige Vorgehen ist in Bild 2.10 zusammengefasst und wird im Folgenden beschrieben.

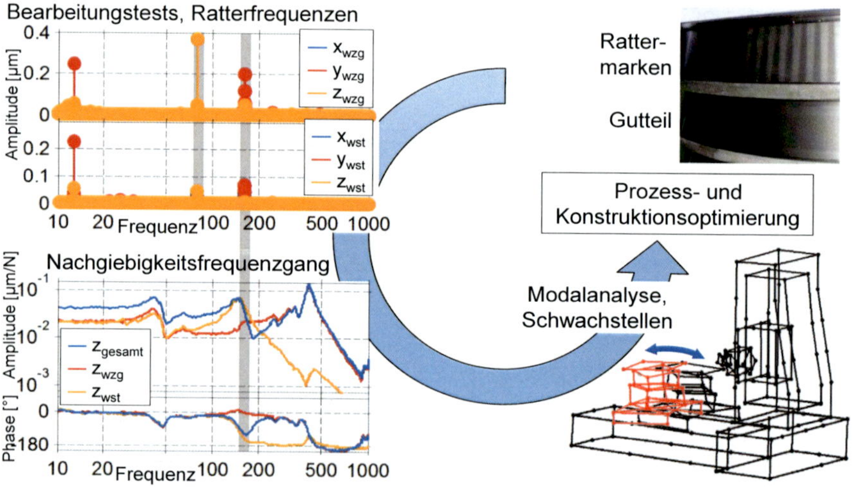

Bild 2.10 Vorgehensweise bei der messtechnischen Untersuchung von Werkzeugmaschinen bei dynamischen Instabilitäten (in Anlehnung an [WECK06a, BREC13a])

Procedure of metrological investigation of machine tool dynamic motivated by occurring chatter phenomena (roughly according to [WECK06a, BREC13a])

Ratterschwingungen können zu deutlich sichtbaren Oberflächenmarkierungen oder –schattierungen und hörbaren Vibrationen führen. Die Inspektion des Oberflächenbildes und die Beschreibung des Geräusches liefern bereits erste Anhaltspunkte bezüglich des Frequenzbereichs. Während der Bearbeitungsversuche werden die im Prozess auftretenden Schwingungserscheinungen messtechnisch erfasst. Durch eine Analyse der Frequenzzusammensetzung werden die während der Bearbeitung dominierenden Schwingfrequenzen der Maschinenstruktur identifiziert und die Schwingungserscheinung nach Möglichkeit bereits vorrangig der Werkzeug- oder der Werkstückseite zugeordnet.

Das dynamische Nachgiebigkeitsverhalten einer Werkzeugmaschine wird kompakt in Form von Nachgiebigkeitsfrequenzgängen dargestellt. Hierzu wird eine dynamische Kraft mit Hilfe eines Erregers zwischen Werkstück und Werkzeug in die Maschinenstruktur eingeleitet und die Verlagerungsantworten an Werkstück und Werkzeug mit Hilfe unterschiedlicher Sensoren gemessen. Die Nachgiebigkeitsfrequenzgänge zeigen Resonanzstellen der Maschinenstruktur auf und ermöglichen generelle Aussagen zur Stabilität der Maschine (z.B. anhand des negativen Realteils, vgl. WECK06a, MILB95). Durch einen Abgleich der Ratter- und Resonanzfrequenzen lassen sich die für die Instabilität maßgeblich verantwortlichen Resonanzen bestimmen. Wie im Bild 2.10 zu sehen, kommt es aus Gründen der Prozessstabilität zu regenerativem Rattern leicht oberhalb der Resonanzfrequenz. Hier befindet sich der Bereich des größten negativen Realteils der Nachgiebigkeit [WECK06a].

In diesem Zusammenhang ist das Ziel der Modalanalyse meist die *experimentelle Identifikation dynamischer Schwachstellen*. Mit einer Erhöhung des Kraftleistungsspektrums im niederfrequenten Bereich lässt sich die Schwingungsform der Maschine bei sehr niedrigen Frequenzen rekonstruieren. Auf diese Weise lässt sich auch die statische Nachgiebigkeit der Maschine auf die Beiträge der einzelnen Komponenten und Koppelstellen zerlegen und Verbesserungsmaßnahmen ableiten [ECKS87]. Bezüglich des Simulationsabgleichs wird im Werkzeugmaschinenbau die Methode der *Modenzuordnung* und eingeschränkt die Methode der *Modellkorrelation* eingesetzt, während die *Substrukturbildung* bisher weitgehend reines Forschungsgebiet bleibt [SCHM05, PARK03, REZA11, KUMA12].

Vorgehensweise bei Modalanalysen an Werkzeugmaschinen

Der Anforderung an die Genauigkeit und generell an die Ergebnisqualität von experimentellen Modalanalysen stehen Kostenrestriktionen entgegen. Wichtigster Faktor in diesem Zusammenhang und im industriellen Umfeld ist der Zeitaufwand, der durch die Bindung von Personal und Maschine (Produktionsausfallzeiten, Verzögerung der Montage etc.) ein großer Kostentreiber ist.

Die experimentelle Modalanalyse von Werkzeugmaschinen besteht in der Regel aus drei Schritten, die die Belegungsdauer der Maschine bestimmen, weil sie nicht parallel zur Produktion durchgeführt werden können: Geometrieerstellung, Schwingungsmessung und Datenprüfung. Das Bild 2.11 gibt die ungefähre Zeitaufteilung auf die einzelnen Schritte wieder. Weitere Arbeiten der Datenaufbereitung und –analyse im

Hinblick auf die Verwertung gemäß der Systematik in Bild 2.9, die keine Belegung der Maschine erfordern, sollen in dieser Arbeit nicht im Fokus stehen.

Modalanalysen an Werkzeugmaschinen werden meist mit Hilfe von triaxialen Beschleunigungsaufnehmern durchgeführt (vgl. Kapitel 2.1.3). Die Maschinengeometrie wird dazu durch ein netzförmiges Modell approximiert. Während der Messungen wird eine dynamische Kraft in die Maschine eingeleitet und die resultierende Verlagerung in den Knotenpunkten des geometrischen Modells an der Maschinenstruktur erfasst. Eine rechnerische Auswertung der Messdaten gemäß Kapitel 2.1.1 ermöglicht die Ermittlung und Visualisierung der Schwingungsformen. Die ermittelten Schwingungsformen zeigen mögliche Schwachstellen bzw. Optimierungspotenzial auf.

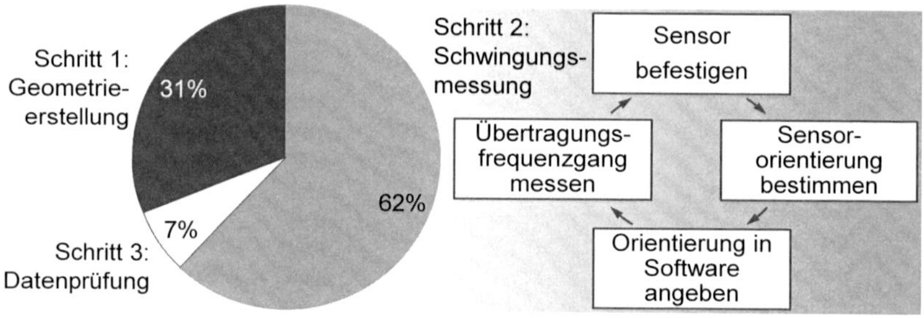

Bild 2.11 Zeitverteilung bei der Modalanalyse eines typischen Bearbeitungszentrums und Vorgehensweise bei der Schwingungsmessung [BREC13a]

Time distribution in modal analysis of a standard machining center and procedure of vibration measurement [BREC13a]

Typische Dreh-Fräs-Bearbeitungszentren werden mit 200 bis 300 Punkten approximiert (vgl. allgemein [MILB95, WECK06] und beispielhaft [GEBH11, BREC11, MANO11]). Der Detailgrad des geometrischen Modells, das heißt die Anzahl und Lage der Punkte, richtet sich nach den zu erwartenden Schwingungsformen. Bild 2.12 stellt die einfachsten Schwingungsformen eines Elements am Beispiel eines Werkzeugmaschinenständers dar. Für die Abbildung einer Schiebe- oder Hebeschwingung ist im Prinzip nur ein Messpunkt auf dem Bauteil ausreichend, während für Kipp- und Drehbewegungen mindestens zwei, für Biege- drei und Torsionsschwingungen vier Messpunkte notwendig sind. Die Messpunktdichte des geometrischen Modells wächst weiterhin zum Beispiel mit der zu erwartenden Ordnung einer Biegeschwingung [MILB95, WECK06a]. Eine Mindestanforderung an die Wiedererkennbarkeit der Struktur anhand des geometrischen Modells führt ebenfalls zu einer Steigerung der Punkteanzahl [AHLB92].

Für Schwingungsformen, die von der Nachgiebigkeit der Koppelstellen dominiert werden, ist ebenfalls eine angepasste Modellierung notwendig. So können unmittelbar nebeneinander liegende Messstellen am Maschinenständer, Führungsschuh, Profilschiene und Maschinenbett, die tatsächlich die Schwingungsform dominierende Koppelstelle identifizieren. Diese Abschätzung der notwendigen Netzdichte und lokaler Netzverdichtung an bestimmten Koppelstellen muss teilweise ohne vorheriger

Analyse von Simulationsergebnissen durchgeführt werden. Dabei muss der Abgleich der Experimentaldaten mit der „ingenieursmäßigen Abschätzung“ des Schwingungsphänomens erfolgen. Das Ergebnis ist in hohem Maße von der Erfahrung des Maschinenuntersuchers abhängig. Die absolute Lage der Punkte wird mit Hilfe eines Maßbandes vermessen, in einen Computer eingegeben und mit Verbindungslinien zu einem Netz-Modell vervollständigt. Die Modellierung kann häufig aus Geheimhaltungsgründen (z. B. für unternehmensexterne Dienstleister), schwieriger vorheriger Einschätzung der Zugänglichkeit der Messpunkten oder der Dringlichkeit eines Untersuchungsauftrages nicht anhand von CAD-Daten oder Ähnlichem vorab erfolgen.

Der zeitaufwendigste Untersuchungsschritt ist die Schwingungsmessung, Bild 2.11 rechts. Ein triaxialer Beschleunigungsaufnehmer wird an den einzelnen Messpunkten der Maschinenstruktur befestigt und zu den Maschinenkoordinaten ausgerichtet. Die aktuelle Sensororientierung im Maschinenkoordinatensystem wird bestimmt und in ein Modalanalyse-Programm eingegeben. Schließlich werden die Übertragungsfunktionen vermessen. Die Bestimmung der Koordinaten und die Eingabe in ein Programm können jeweils zu Fehlern führen, die bei der Datenprüfung korrigiert werden bzw. eine Wiederholung der Messung nach sich ziehen. Diese Abfolge wird an allen Punkten des geometrischen Modells an der Maschine wiederholt. Im Ablauf dieses Arbeitsschrittes nimmt die reine Messzeit erfahrungsgemäß und je nach Zugänglichkeit nur ca. 10 % – 15 % der Gesamtzeit ein.

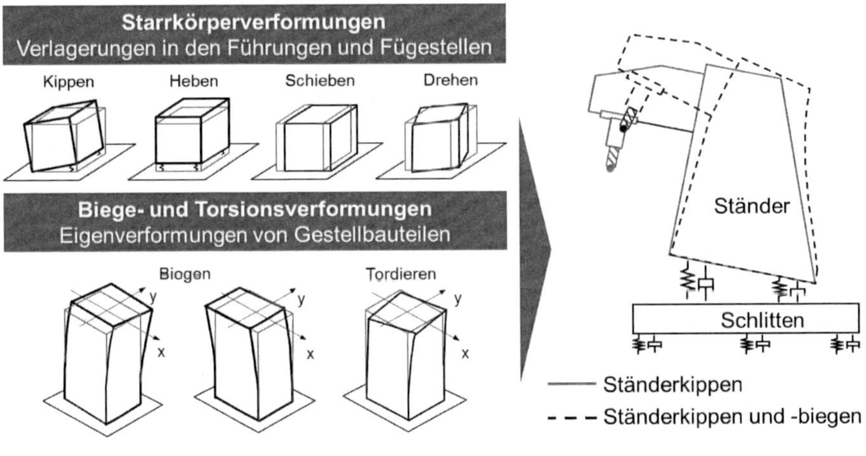

Bild 2.12: Typische Schwingungsformen einzelner Bauteile [WECK06, MANO11]

Typical motion patterns of machine components [WECK06, MANO11]

Im letzten Schritt der Modalanalyse, der Datenprüfung, werden die Daten vor Ort beurteilt, eventuelle Inkonsistenzen aufgedeckt und Fehlmessungen wiederholt. Die Beurteilung erfolgt durch eine erste Berechnung der Eigenmoden. Meist werden zuerst die Eigenformen niedriger Frequenzen dargestellt, mit den vorher zwischen Werkzeug und Werkstück in Hauptkoordinatenrichtungen aufgenommenen Nachgiebigkeitsfrequenzgängen und wiederum mit der „ingenieursmäßigen Einschätzung“

des Schwingungsphänomens verglichen. Da gerade bei niedrigen Frequenzen nur einfache Schwingungsformen mit wenigen Schwingungsknoten und weitgehendem Starrkörperverhalten der Strukturbauteile zu erwarten sind, können falsch angegebene Sensorausrichtungen oder fehlerhaft eingestellte Verstärkungsfaktoren der Beschleunigungsaufnehmer an einzelnen Messpunkten aufgedeckt werden. Eine erste Beschäftigung mit den höherfrequenten Moden kann Messpunkte offenlegen, an denen die Anbindung des Sensors an die Struktur mangelhaft war und die Messung wiederholt werden muss.

2.1.3 Messgeräte zur Schwingungsmessung

Devices for vibration measurement

Prinzipiell sind für die Schwingungsmessung jegliche Sensoren geeignet, die Wege, Geschwindigkeiten oder Beschleunigungen mit einer hohen Auflösung und geringen Reaktionszeit bzw. mit einer hohen Abtastrate aufnehmen können. Generell lassen sich diese Sensoren nach relativ und absolut messenden unterscheiden. Die relativ messenden Sensoren werden an dieser Stelle vor dem Hintergrund der Modalanalyse nach Nahfeld- und Fernfeldsensoren unterschieden. Bild 2.13 stellt die wichtigsten Sensoren zur Schwingungsmessung zusammen. Relativ messende Sensoren nehmen immer Verlagerungen zwischen zwei Punkten auf. Als Fernfeldsensoren seien solche bezeichnet, bei denen die beiden Punkte so weit auseinander liegen können, dass eine Schwingungsübertragung zwischen den beiden Punkten vernachlässigbar klein ist. Alle Fernfeldsensoren sind berührungslos. Bei berührenden Sensoren findet stets eine gewisse Kraftübertragung durch den Sensor statt.

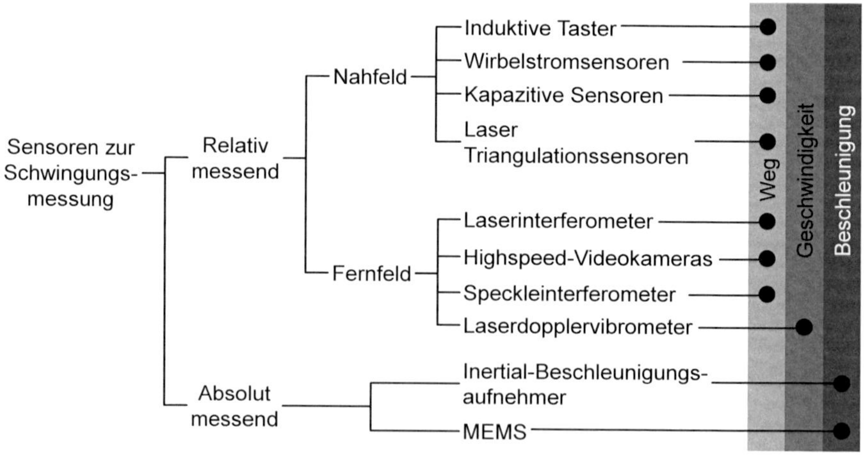

Bild 2.13: Sensoren zur Schwingungsmessungen

Sensors for vibration measurement

Aufgrund der Anforderungen an den Aufbau kommen für Modalanalysen komplexer Strukturen prinzipiell nur absolut und bedingt relativ messende Fernfeldsensoren in Frage. Relativ messende Nahfeldsensoren werden im Weiteren nicht betrachtet.

Beschleunigungsaufnehmer

Inertial-Beschleunigungsaufnehmer arbeiten nach dem Prinzip der Inertial-Kraftmessung einer trägen Masse. Der Messbereich der Aufnehmer ist nach oben durch die Eigenfrequenz des Sensors, bei der die Bezugsmasse innerhalb des Sensors in Resonanz gerät, begrenzt. Bei konstanter Wegamplitude nimmt die Empfindlichkeit des Aufnehmers zu kleineren Frequenzen hin quadratisch ab und begrenzt somit den Messbereich nach unten. Als Kraft messende Sensoren haben Sonderbauformen der Beschleunigungsaufnehmer für niedrige Frequenzbereiche eine höhere Bezugsmasse, hochfrequentmessende Sensoren sind dagegen kleiner und leichter. Es existieren Beschleunigungsaufnehmer mit unterschiedlichen Kraftmessprinzipien (piezoelektrisch, kapazitiv, induktiv, auf Basis von Dehnungsmessstreifen) und Belastungsrichtung des Kraftmesselements (Zug/Druck, Scherung, Biegung etc.).

Triaxiale Inertial-Beschleunigungsaufnehmer sind mit Abstand die häufigste für die Modalanalyse an Werkzeugmaschinen und weiteren teilweise umhauste Strukturen genutzte Sensorart. Deswegen dient diese Untersuchungsmethode in dieser Arbeit stets als Referenz. Die häufigste Bauweise der triaxialen Ausführung vereint drei separate Beschleunigungsaufnehmer in einem Gehäuse. Beschleunigungsaufnehmer messen absolut, sind verhältnismäßig preisgünstig und können aufgrund ihrer kleinen Größe fast überall an der Maschinenstruktur befestigt werden. Das Messprinzip benötigt keine Sichtverbindung und bei modernen Sensoren werden auch bei Kabellängen von 10 m keine nennenswerten elektromagnetischen Störeinflüsse durch das Kabel eingekoppelt [KIST10].

Ahlborn stellt in seinen Untersuchungen fest, dass Triaxial-Beschleunigungsaufnehmer typischerweise mit einem Winkelfehler von bis zu 5 ° an der Maschinenstruktur befestigt werden [AHLB92]. Er entwickelt einen Algorithmus zur Erkennung und rechnerischen Minimierung der Ausrichtefehler, der in Modalanalysesystemen jedoch auch heute noch keine Verwendung findet. Aufgrund der heute typischerweise geringeren Baugröße und weiter vereinfachten Gehäuseform der Sensoren ist tendenziell von einer Erhöhung des typischen Ausrichtefehlers gegenüber 1992 auszugehen. Des Weiteren können elektromagnetische Fremdeinflüsse von der Maschine bzw. dem Untersuchungsobjekt durch das Sensorgehäuse erhebliche Störungen verursachen. Bild 2.14 zeigt einen Aufbau mit einem elektrisch isoliert und einem nicht isoliert angebrachten piezoelektrischen Inertial-Beschleunigungsaufnehmer an einer Werkzeugmaschine. Im Zeitsignal und im Frequenzspektrum ist der von der Maschine übertragene Störeinfluss deutlich zu sehen.

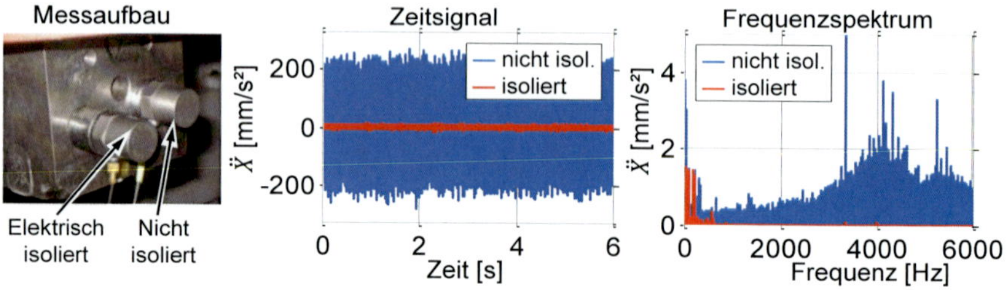

Bild 2.14: Elektromagnetische Störeinflüsse auf einen piezoelektrischen Inertial-Beschleunigungsaufnehmer

Electro-magetic perturbation of a piezo electric inertial accelerometer

MEMS, **m**ikro**e**lektro**m**echanische **S**ysteme gelten heute als kostengünstige Alternative zu traditionellen Lösungen in einer Reihe von Anwendungen, zum Beispiel als MEMS-Oszillatoren in elektronischen Armbanduhren. Zur Schwingungsmessung werden üblicherweise kapazitive MEMS-Beschleunigungsaufnehmer verwendet. Bild 2.15 zeigt den prinzipiellen Aufbau. Das Funktionsprinzip entspricht den traditionellen Inertial-Beschleunigungsaufnehmern. Es handelt sich um eine kapazitive Abstandsmessung zwischen Messfingern, die an einer Inertialmasse und an einer Referenzelektrode am Substrat befestigt sind [FUEL12].

Wegen der stetigen Verbesserung ihrer Leistungsfähigkeit haben sich Beschleunigungsaufnehmer, Drehzahl- und Drehbeschleunigungsaufnehmer auf Basis der MEMS Technologie in Anwendungen der Automobiltechnik (Airbag-Auslösung, Fahrdynamikregelung), im Konsumgüterbereich (Smartphones, Spielekonsolen) und der Industrieautomation (Navigation, Maschinenüberwachung) bewährt [FUEL12]. Es ist aus diesem Grund zu erwarten, dass MEMS-Beschleunigungsaufnehmer in absehbarer Zeit auch für Modalanalysen eingesetzt werden können. Derzeit bleibt ihre Empfindlichkeit und Genauigkeit noch hinter den Inertial-Beschleunigungsaufnehmern in traditioneller Bauweise zurück.

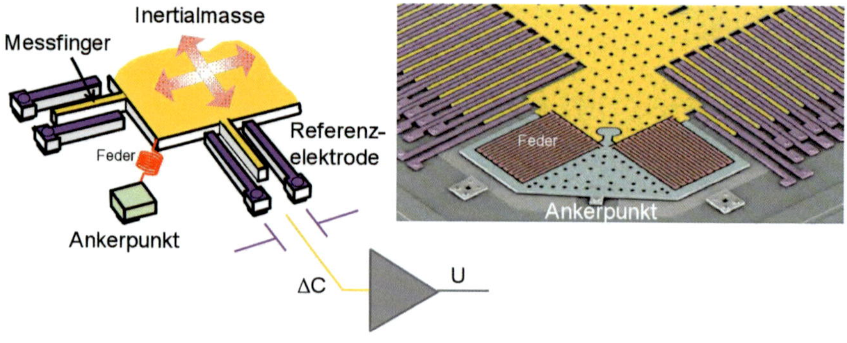

Bild 2.15: Prinzip eines Beschleunigungsaufnehmers in MEMS-Technologie [FUEL12]

Principle of a accelerometer in MEMS-technology [FUEL12]

Interferometer

Laserdopplervibrometer, Laserinterferometer und Speckleinterferometer beruhen auf dem interferometrischen Messprinzip in jeweils leicht abgewandelter Form. Bild 2.16 zeigt den optischen Aufbau eines Homodyn-Interferometers, eines Heterodyniterferometers und eines Laserdopplervibrometers. Grundsätzlich wird von einer Laserquelle der kohärente, monochromatische Laserstrahl in zwei Teilstrahlen, den Mess- und den Referenzstrahl geteilt. Nach unterschiedlichen Wegen durch das optische System werden beide Strahlen zur Interferenz gebracht. Die Intensität der interferierenden Strahlen wird von Fotodetektoren aufgenommen.

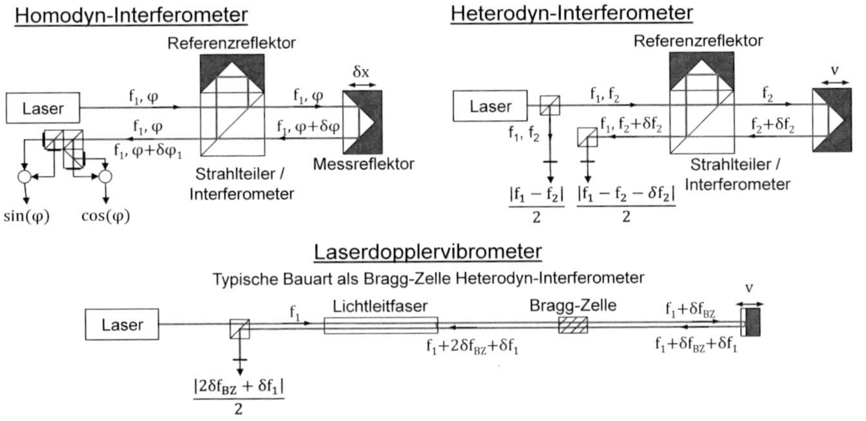

Bild 2.16: Funktionsweise eines Homodyn-Interferometers, eines Heterody-Interferometers und eines Laserdopplervibrometers mit typischem optischem Aufbau

Operating mode of a homodyne interferometer, a heterodyne interferometer and a laser Doppler vibrometer with typical optical set-ups

In **Homodyn-Interferometern** ergeben sich bei Längenänderung des Messstrahls um δx bei der Interferenz des Mess- und des Referenzstrahls Intensitätsminima und -maxima. Durch phasenverzögernde, polarisationsrichtungsbezogene optische Elemente lassen sich aus dem Interferenzstrahl insgesamt vier Interferenzsignale erzeugen, die bei Reflektorbewegung um 90° phasenverschobene harmonische Signale darstellen, die damit typischen Signalen von Inkrementalgebern entsprechen (vgl. z.B. [WECK06b]). Durch paarweise Subtraktion ergeben sich zwei Signale, die dem Sinus und dem Cosinus der Phasendifferenz der Teilstrahlen, dem $\delta\varphi$ entsprechen. Auf diese Weise lässt sich die exakte relative Position des Messreflektors im Vergleich zum Startwert vorzeichenrichtig bestimmen [HOHM71, BRUN78, CHAP02]. Mögliche Einschränkungen der Messung ergeben sich für die Auflösung durch Signalrauschen, Art der Datenakquisition (DAC oder Counter) und für die Geschwindigkeit durch die Abtastzeit der Hardware (vgl. Kapitel 2.1.1). Im Kapitel 4.2.2 werden Messungen mit unterschiedlichen Auswertemethoden der Längensignale verglichen.

Das **Heterodyn-Interferometer** nutzt einen Laserstrahl mit zwei eng beieinander liegenden Frequenzen f_1, f_2, mit unterschiedlicher Polarisationsrichtung. Die Frequenzspaltung wird durch den Zeeman-Effekt oder einen akustooptischen Modulator (Bragg-Zelle) erreicht. In einem Intensitätsstrahlteiler wird ein geringer Teil beider Teilstrahlen abgezweigt und zur Interferenz gebracht. Ein Fotodetektor registriert eine Intensitätsschwebung mit einer Referenzfrequenz. Der größere Teil beider Teilstrahlen wird im Interferometer aufgespalten, so dass das Licht der einen Frequenz auf den Referenzreflektor und das der anderen Frequenz auf den Messreflektor geleitet wird. Abhängig von der Geschwindigkeit v des Messreflektors ergibt sich eine Dopplerfrequenzverschiebung der zweiten Frequenz, die wiederum die Schwebefrequenz der Interferenz verändert [BRUN78, CHAP02]. Zwar misst das Gerät Geschwindigkeiten, jedoch wird durch den Abgleich mit der Referenzschwebung ein driftfreies Positionssignal errechnet. Mögliche Einschränkungen der Messung ergeben sich für die Auflösung durch Signalrauschen und die Abtastzeit der Hardware (zur zeitlich genauen Auflösung der 0-Durchgänge). Die Maximalgeschwindigkeit ist in einer Richtung durch die Frequenzdifferenz beschränkt, weil der Ausdruck „$f_1 - f_2 - \delta f_2$“ zur eindeutigen Geschwindigkeitsbestimmung das Vorzeichen nicht wechseln darf.

Der heute übliche, aber nicht der einzige Aufbau eines **Laserdopplervibrometers** ist eine Sonderform des Bragg-Zelle Heterodyn-Interferometers [LEWI98]. Der Laserstrahl wird durch eine Lichtleitfaser geleitet. Der Referenzstrahl wird am teildurchlässigen Ausgang dieser Faser erzeugt (typische Reflektion: 4%). Der Messstrahl durchläuft einen akustooptischen Modulator, eine Bragg-Zelle, wodurch er eine Frequenzverschiebung von δf_{BZ} erfährt. Bei der Reflektion am Messobjekt erfährt der Messstrahl eine Dopplerfrequenzverschiebung von δf_1. Beim Wiedereintritt in das Laservibrometer durchläuft der Messstrahl ein zweites Mal die Bragg-Zelle, wodurch er eine zusätzliche Frequenzverschiebung von δf_{BZ} erfährt. Mögliche Einschränkungen der Messung ergeben sich für die Auflösung durch Signalrauschen und die Abtastzeit der Hardware (zur zeitlich genauen Auflösung der 0-Durchgänge). Die Maximalgeschwindigkeit ist in einer Richtung durch die Frequenzverschiebung der Bragg-Zelle beschränkt, weil der Ausdruck „$2\delta f_{BZ} + \delta f_1$“ zur eindeutigen Geschwindigkeitsbestimmung das Vorzeichen nicht wechseln darf. Die Frequenzverschiebung durch die Bragg-Zelle lässt sich in einigen Geräten verstellen, so dass die messbare Maximalgeschwindigkeit und die Auflösung in gewissen Grenzen eingestellt werden kann. Da der hier dargestellte optische Aufbau typischerweise keine Referenzschwebungsfrequenz bildet, ist die Berechnung des driftfreien Positionssignals nicht ohne Weiteres möglich.

Tabelle 2.3 stellt die Grundgleichungen der Interferenz zusammen, die in den jeweiligen Arten der dargestellten Interferometer angewendet werden. Entsprechend dieser Gleichungen wird die Reflektorbewegung errechnet.

Tabelle 2.3: Grundgleichungen der Interferenz
Equation for interference

Homodyn-Interferometer	
$B_{Er} = \sin(\omega t)$	$B_{Em} = \sin(\omega t + 2\pi \cdot 2\delta x/\lambda)$
$B_{Er} + B_{Em} = 2\cos(2\pi \cdot s/\lambda)\sin(\omega t + 2\pi \cdot \delta x/\lambda) = A_E \sin(\omega t + 2\pi \cdot \delta x/\lambda)$	
$A_{E1} = \cos(2\pi \cdot \delta x/\lambda)$ $A_{E3} = \cos(2\pi \cdot \delta x/\lambda + \pi/2)$	$A_{E2} = cos(2\pi \cdot \delta x/\lambda + \pi/4)$ $A_{E4} = \cos(2\pi \cdot \delta x/\lambda + 3\pi/4)$
$I_{E1} \sim \cos(2\pi \cdot \delta x/\lambda)^2 = \frac{1}{2} + \frac{1}{2}\cos(2\pi \cdot 2\delta x/\lambda)$ $I_{E3} \sim \frac{1}{2} + \frac{1}{2}\cos(2\pi \cdot 2\delta x/\lambda + \pi)$	$I_{E2} \sim \frac{1}{2} + \frac{1}{2}\cos(2\pi \cdot 2\delta x/\lambda + \pi/2)$ $I_{E4} \sim \frac{1}{2} + \frac{1}{2}\cos(2\pi \cdot 2\delta x/\lambda + 3\pi/2)$
$I_{E1-3} \sim \cos(2\delta x/\lambda)$	$I_{E4-2} \sim \sin(2\delta x/\lambda)$
Heterodyn-Interferometer	
$B_{Er1} = 2\cos(\omega_1 t)$	$B_{r2} = 2\cos(\omega_2 t)$
$B_{Em1} = 2\cos(\omega_1 t)$	$B_{m2} = 2\cos\left((\omega_2 + \Delta\omega)t\right)$
$B_{Er1} + B_{Er2} = 2\cos\left(\frac{\omega_1-\omega_2}{2}t\right)\cos\left(\frac{\omega_1+\omega_2}{2}t\right) = A_{Er}(t)\cos(\frac{\omega_1+\omega_2}{2}t)$	
$B_{Em1} + B_{Em2} = 2\cos\left(\frac{\omega_1-\omega_2-\Delta\omega}{2}t\right)\cos\left(\frac{\omega_1+\omega_2+\Delta\omega}{2}t\right) = A_{Em}(t)\cos(\frac{\omega_1+\omega_2+\Delta\omega}{2}t)$	
$I_{Er}(t) = A_{Er}(t)^2 \sim \cos(\omega_1 - \omega_2)$	$I_{Em}(t) = A_{Em}(t)^2 \sim \cos(\omega_1 - \omega_2 - \Delta\omega)$
$\Delta\omega = 2\pi \cdot 2v/\lambda$	
B_{Er} Elektromagnetisches Feld im Referenzstrahl B_{Em} Elektromagnetisches Feld im Messstrahl A_{Ei} Amplitude des elektromagnetischen Felds am Sensor i I_{Ei} Intensität des elektromagnetischen Felds am Sensor i	

Holographische Interferometrie und **Speckleinterferometrie** basieren meist auf Homodyn-Interferometern. Der Strahl einer Laserquelle wird hierbei breit auf das Messobjekt gestreut. Das zurückgeworfene Licht interferiert mit dem Referenzstrahl und wird auf einen CCD-Detektor geleitet. Das Ergebnis der Messung ist ein Intensitätsstreifenmuster, aus dem sich die Differenz der Phasenlage berechnen lässt [HECH89, JONE83, STEE83, WECK91, WECK95, WECK06a]. Durch verschiedene Algorithmen zur Phasendemodulation (*phase unwrapping*) lässt sich aus den Werten wiederum ein 3D-Bild der Oberfläche rekonstruieren [CREA88]. Nebeling und Weitere entwickelten ein Verfahren zur Modalanalyse mit holographischer Interferometrie [NEBE95, WECK06a]. Zur Auflösung kleinster Bewegungen in drei Dimensionen wurde hierbei eine Laserquelle mit drei CCD-Kameras eingesetzt. Aus der Änderung des Interferenzmusters in den Bildern jeder Kamera lässt sich die Bewegung der Messoberfläche aus Sicht dieser Kamera berechnen und mit den Kamerapositionen in kartesische Koordinaten transformieren. Das Verfahren wurde erfolgreich für die Messung von Schwingungen an Motorblöcken, Automobilreifen und Blechen eingesetzt [NEBE95, HABE05]. Zur Vermessung von teilumhausten Strukturen ist es in Folge des notwendigen breiten Sichtkorridors wenig geeignet [THIE87].

Laserdopplervibrometer werden unter Anderem zur Messung von Schwingungen im Automobilbau, Luft- und Raumfahrt und zur Vermessung von Brücken eingesetzt. LDVs messen berührungslos und können daher auch an Strukturen eingesetzt werden, an denen andere Sensoren wegen der Größe, Oberflächenbeschaffenheit oder Bewegung (rotierende Elemente) nicht angebracht werden können, oder bei denen die Zusatzmasse der Sensoren die dynamischen Eigenschaften deutlich verändern. Polytec® [POLY09, POLY12] bietet unter dem Namen 3D-Scanning-Vibrometer ein System mit drei Vibrometereinheiten, Kamera und berührungslosem Distanzmessgerät an. Aus den Messungen der drei Vibrometereinheiten lässt sich die 3D-Bewegung der jeweiligen Messpunkte rekonstruieren. Mit Hilfe der Kamera und des Distanzsensors kann die Geometrie des Untersuchungsobjektes vermessen werden. Die Laserköpfe des 3D-Scanning-LDVs sind mit kardanisch gelagerten Umlenkspiegeln ausgestattet, mit denen der Messstrahl auf dem Untersuchungsobjekt positioniert wird. In [OLIV09] sind verschiedene Messaufbauten mit dem 3D-Scanning-Vibrometer dargestellt. In [ZAEH11, LOEH12] wurde mit dem Gerät das dynamische Verhalten eines Industrieroboters untersucht. Große flächige Bauteile können mit dem 3D-Scanning-LDV auch feinmaschig außerordentlich effizient vermessen werden [PING09]. In Folge der Koordinatentransformation hängt die Qualität der 3D-Messung in hohem Maße von den Winkeln zwischen den auftreffenden Laserstrahlen ab. Das Optimum von jeweils 90° zwischen den Strahlen kann nur mit einem sehr breiten Sichtkorridor angenähert werden. Für Untersuchungen an teilumhausten Strukturen ist das Gerät aufgrund der Forderung des breiten Sichtkorridors wenig geeignet. Einige Arbeiten zeigen, dass LDV-Messungen etwas schlechter ausfallen als Messungen mit Beschleunigungsaufnehmern [PING09].

Schwingungserreger

Die experimentelle Modalanalyse beruht auf der Messung der Verlagerungsantworten verschiedener Strukturpunkte auf eine definierte dynamische Kraft. Die Güte einer gemessenen Übertragungsfunktion hängt von den Eigenschaften dieser Kraft und der resultierenden Verlagerungen ab, wobei die letzteren wiederum von der Kraft abhängen. Die Eigenschaften des Kraftverlaufs ihrerseits hängen vom eingesetzten Erreger ab. In dieser Arbeit werden ein elektrohydraulischer und ein piezoelektrischer Erreger sowie ein Impulshammer verwendet. Die in dieser Arbeit genutzten Erregungssignalformen sind Wobbeln, Rauschen und der schrittweise Sinus für den elektrohydraulischen und den piezoelektrischen Erreger und die impulsförmige Erregung beim Impulshammer. Die Erreger, Signalformen und ihre Eigenschaften sind in Bild 2.17 dargestellt.

An Werkzeugmaschinen wurde historisch typischerweise der elektrohydraulische Erreger eingesetzt, der heute aufgrund des kompakteren Gesamtsystems zunehmend vom piezoelektrischen verdrängt wird. Hierbei wird häufig ein überlagertes Erregersignal mit einer oder mehreren Wobbelspuren und ggf. einer Rauschspur verwendet. Impulshämmer werden an Werkzeugmaschinen vor Allem aufgrund des zügigen Versuchsaufbaus und der geringen Systemkosten für einfachere Messungen meist am Werkzeug eingesetzt. Wegen der geringeren Energiedichte der Anregung und hieraus folgend kleiner Verlagerungsantwort wird eine schlechtere Qualität der Messung erreicht.

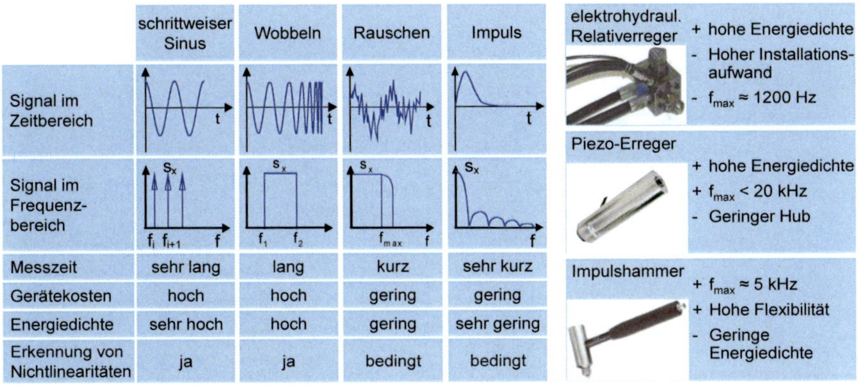

Bild 2.17: Erregersignalformen und Erregereigenschaften (in Anlehnung an [WECK06a])

Excitation signal forms and exciter properties (according to [WECK06a])

Neben dem beschriebenen typischen Mischsignal für die Modalanalyse an Werkzeugmaschine wurde im Laufe dieser Arbeit das reine *Wobbeln* zur Bestimmung der Verlagerungsamplituden über das Anregungsspektrum, der *schrittweise Sinus* zur Ermittlung der Amplituden-Abhebegrenze der Reflektoren aus ihren Nestern, die mit einer starken Nichtlinearität einhergeht und die *Impulserregung* zur Bewertung des Ausschwingmessverhaltens und der Qualität der Messung bei Erregung mit niedriger Energiedichte verwendet.

2.2 Geometriemessung mit Laser-Tracking-Interferometern

Geometry measurement using laser tracking interferometers

Das Hauptanwendungsgebiet des Laser-Tracking-Interferometers (TI) ist zurzeit die Positionierung von großen und mittelgroßen Bauteilen bei der Montage [EMAM05], die Kalibrierung von Industrierobotern [KIHL04] und das Scannen von Freiformflächen mit handgeführtem Reflektor [CHEN00] oder mit Reflektoren, die in relativ messende Taster oder Laserscanner integriert sind.

2.2.1 Tracking-Interferometer

Tracking-interferometer

Die Erweiterung der unidirektionalen Messfunktionalität eines Laser-Interferometers auf beliebig bewegte Messpunkte im Raum führte Mitte der 80er Jahre zur Entwicklung des Laser-Tracking-Interferometers [LAUK86, LAUK87], das zunächst auf die Roboterkalibrierung zielte. Einige Geräte dieser Art enthalten heute kein Interferometer mehr. Lasertracker hat sich deswegen als Sammelbezeichnung etabliert.

Das TI ist ein Kugelkoordinatenmessgerät. Mit Hilfe von Winkelmessungen der rotatorischen Zenit- und Azimut-Achsen des Gerätes sowie einer Laser-

Abstandsmessung wird die Position eines Objektpunktes relativ zum Zentrum des TI erfasst. Bild 2.18 zeigt einige kommerziell verfügbare Systeme und ihren schematischen Achsaufbau.

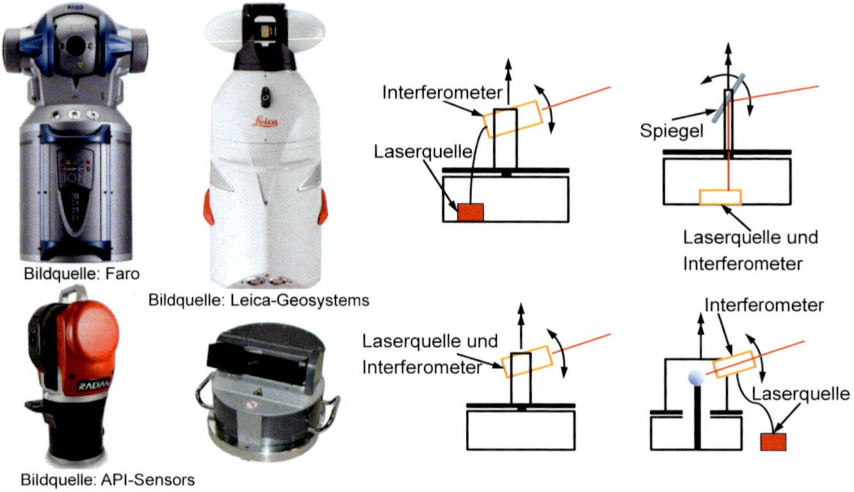

Bild 2.18: Kommerziell verfügbare TI und schematischer Achsaufbau

Commercially available TI and schematic axis set up

Für Messungen mit TIs werden typischerweise Tripelspiegel- (*cubecorner reflector*) oder Katzenaugenreflektoren (*cat eye reflector*) verwendet. Trifft ein Laserstrahl einen solchen Reflektor nicht zentrisch, wird der Laserstrahl mit einem lateralen Versatz reflektiert. Ein Teil des reflektierten Laserstrahls wird in einem Strahlteiler auf eine Positionssensitive Diode (PSD, vgl. Kap. 2.2.2) geleitet. Der von der PSD registrierte Strahlversatz in zwei Dimensionen wird als Regelgröße für die Antriebe der rotatorischen Achsen verwendet, so dass das Gerät einem Reflektor automatisch folgen kann.

Zur Distanzmessung verfügen TIs meist entweder über eine Laser-Absolutdistanzmesseinheit (ADM) oder ein Interferometer oder beides. Für die Messung der absoluten Position im Raum müssen TIs ohne ADM einen Reflektor aus einer bekannten Position (z.B. eine im Gerät eingearbeitete „Home-Position") heraus ohne Strahlunterbrechung verfolgen, weswegen die Flexibilität der Geräte eingeschränkt ist. TIs ohne Interferometer sind dagegen in ihrer Messdynamik beschränkt.

Die Messunsicherheit von TIs ist sehr stark von der Strahllänge abhängig und prinzipiell in Strahlrichtung und quer dazu ungleich. Die Messunsicherheit der Distanzmessung kann im besten Fall bei Messung mit dem Interferometer die Messunsicherheit stationärer Laserinterferometer erreichen. ADM-Messungen sind wesentlich ungenauer. Auch Messungen der Winkel sind wesentlich ungenauer als Interferometermessungen. Die 3D-Messunsicherheit in kartesischen Einheiten wird mit der Strahllänge proportional größer. Des Weiteren kann sich die Messunsicherheit quer zum Strahl durch Strahlbiegung infolge der Temperaturschichtung der Luft weiter vergrößern [JATZ11].

Abhängig von der Strahllänge geben TI-Hersteller Unsicherheiten von ca. 15 µm + 1 µm/m für die absolute Distanz und ca. 18 µm + 5 µm/m quer zur Strahlrichtung an [FARO12, LEIC08, APIS13]. Die maximalen Strahllängen bewegen sich bei 30 m – 80 m für kleine 0,5“ Reflektoren, > 360 ° Azimutwinkel und bis zu +79°/-59° Zenitwinkel*. Strahleinfallswinkel der Tripelspiegel liegen je nach Bauform bei ca. 60°. TI sind aufgrund des Anwendungsbereichs nicht für hohe Taktraten ausgelegt. Heutige Geräte erreichen maximale Taktraten von höchstens einem Kilohertz. Die Taktgenauigkeit wird von den Herstellern nicht angegeben. In einigen nicht repräsentativen Referenzversuchen im Vorfeld dieser Arbeit sind bei Messungen mit 330 Hz (ca. 1/3 ms^{-1}) Schwankungen der Samplezeit von bis zu 0,1 ms vorgekommen.

Bei dem in dieser Arbeit genutzten Gerät handelt es sich um den Lasertracer der Firma Etalon, eine besondere Bauform des TI. In dem Gerät wird die Interferometereinheit um eine in der Grundplatte verankerte Präzisionskugel herum geführt. Die interferometrische Längenmessung erfolgt zwischen der Präzisionskugel und dem Reflektor, wodurch geometrische Fehler der Drehachsen nahezu keine Auswirkung auf die Längenmessung haben [KNIE07]. Mit dem Multilaterationsverfahren, das dem GPS ähnlich ist, erreicht der Lasertracer so geringe Messunsicherheiten, dass die Kalibrierung von Werkzeugmaschinen durchgeführt werden kann [SCHM09, WEND03, WEND01, SCHW99].

2.2.2 Positionssensitive Diode

Position sensing device

TIs verwenden zur Objektverfolgung positionssensitive Dioden (PSD). Unter PSDs werden allgemein Fotodioden verstanden, die eine Information über den Auftreffort eines Lichtstrahls bzw. den Intensitätsschwerpunkt des auftreffenden Lichtbündels auf der aktiven Fläche liefern. PSDs finden bedingt Anwendung zur Geradheitsmessung in Werkzeugmaschinen, [SCHÜ71, SCHÜ90]. Eine PSD wird an einer Maschinenachse befestigt, die entlang eines Laserstrahls bewegt wird. Die Bewegung der Achse senkrecht zum Strahl wird von der PSD registriert. Da Laserstrahlen bei Temperaturschichtung der Luft gebogen werden können, hat sich das Verfahren nur in Nischen durchsetzen können. Die folgenden Ausführungen beziehen sich auf sogenannte *lateral effect* PSDs [MÄKY00].

---

* Vergleichsgeräte: Hersteller, Strahllänge (mit Standard 0,5“ Reflektor), Azimutbereich, Zenitbereich, Winkelgenauigkeit, Genauigkeit der Absolutdistanzmessung.
Alle Angaben nach ASME B89.4.19 – 2006 [ASME B89.4.19], ohne Berücksichtigung der Lufttemperatur [FARO12, LEIC08, APIS13]

Vantage,	Faro,	30 m,	360°,	+77,9°/-52,1°,	20 µm + 5 µm/m,	16 µm + 0,8 µm/m
Absolute Tracker 801,	Leica,	80 m,	360°,	±45°	15 µm + 6 µm/m,	±10 µm
Omnitrac2,	API,	80 m,	640°,	+79°/-59°,	18 µm + 5 µm/m,	±15 µm + 1.5 µm/m

PSDs werden als Linien- (eindimensional) und als Flächendioden (zweidimensional) ausgeführt – die letzteren in den beiden Typen Tetralateral- und Duolateraldioden. Der Sensor besteht aus einer großflächigen Fotodiode, auf deren Oberseite ein homogener Widerstandsbelag aufgebracht ist [HAMA90]. Durch den auf eine Liniendiode fallenden Lichtstrahl entsteht ein Fotostrom, der sich von der Gegenelektrode auf der Unterseite kommend auf die beiden Elektroden an den Rändern des Widerstandsbelags auf der Oberseite verteilt. Die Stromverteilung auf die beiden Elektroden entspricht dem Widerstandsverhältnis und ist somit abhängig von dem Auftreffort des Lichtstrahls. Die Größe des Lichtflecks ist unerheblich, da der flächig ausgedehnte Fotostrom durch das Substrat der Form und relativen Intensität des Lichtflecks entspricht. Das Verhältnis der durch die beiden Elektroden abfließenden Ströme hängt nur vom Lichtfleckschwerpunkt ab.

Bei eindimensionalen Fotodioden kann die Position des Lichtflecks mit dem Gesetz der abgewandten Hebelarme gemäß Gleichung (2.16) berechnet werden [MÄKY00, WECK06a]. $I_{1/2}$ sind hierbei die Ströme, L der Elektrodenabstand und X die Lage des Lichtschwerpunkts.

$$\frac{X}{L} = \frac{I_2 - I_1}{I_1 + I_2} \tag{2.16}$$

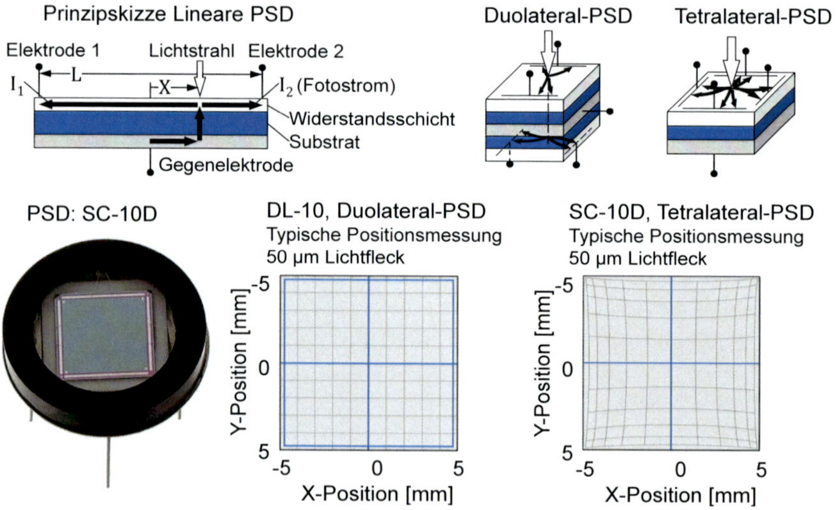

Bild 2.19: Aufbau und Charakteristik von positionssensitiven Dioden (in Anlehnung an [WECK06a, OSIO13, OSIO13a])

Position sensing devices and their characteristics (in accordance [WECK06a, OSIO13, OSIO13a]

Bild 2.19 zeigt eine flächig ausgeführte positionssensitive Fotodiode. Flächendioden sind typischerweise quadratisch. Bei Tetralateraldioden verteilt sich der Fotostrom auf vier linienförmig ausgeführte mit der Widerstandsschicht verbundene Elektroden auf der Oberseite der PSD. Zweidimensionale Duolateraldioden besitzen dagegen zwei linienförmige Elektroden auf der Oberseite und eine ähnlich aufgebaute um 90 ° verdrehte Unterseite mit Widerstandsschicht und zwei Gegenelektroden. Die gesamte Einheit besteht hierbei aus einer Gegenelektrode aber zwei Substrat- und Widerstandsschichten. Die Position des Lichtfleckes berechnet sich für beide Flächen-PSD-Arten für die beiden Richtungen unabhängig voneinander nach Gleichung (2.16) [OSIO10].

Im rechten Bildteil zeigt Bild 2.19 typische Linearitätsbilder von flächigen Dioden gemäß Herstellerangaben. Die eingezeichneten Linien sind Linien gleicher gemessener Auslenkung. Tetralateraldioden besitzen somit eine schlechtere Linearität als Duolateraldioden, die Linearität der letzteren lässt sich allerdings durch Formanpassung der Elektroden verbessern. Da sich der Strom bei Duolateraldioden jeweils auf zwei Elektroden verteilt, ist die Signalqualität unter sonst gleichen Bedingungen höher.

Hutcheson erstellte ein Messgerät auf PSD-Basis zur Messung von kleinen Winkelverlagerungen an Schiffen [HUTC76]. Hierzu wurde ein Lichtstrahl auf einem Planspiegel am Schiffsrumpf fokussiert und der reflektierte Strahl wiederum über eine PSD erfasst. Über elementare geometrische Beziehungen konnten Winkelverlagerungen im Submillirad-Bereich gemessen werden. Die Abtastrate liegt im einstelligen Hertzbereich. Die Vermessung von vielen Punkten und eine Auswertung im Frequenzbereich ist bisher nicht durchgeführt worden.

2.2.3 Grundlagen der geometrischen Messung

Basics of geometric measurements

In der vorliegenden Arbeit werden zur Geometrieerstellung und zur Poseermittlung des TI Koordinatentransformationen und weitere geometrische Rechnungen benutzt, die an dieser Stelle kurz vorgestellt werden.

Die dargestellten Koordinatentransformationen beziehen sich auf in sich und unter einander gleich skalierte Koordinatensysteme. Die Koordinatentransformation von einem Kugel- in ein kartesisches Koordinatensystem mit einem gemeinsamen Ursprung und der x-Richtung entsprechend $\theta, \varphi = 0$ berechnet sich wie folgt:

$$\begin{bmatrix} x \\ y \\ z \end{bmatrix} = r \cdot \begin{bmatrix} \cos\theta \cdot \cos\varphi \\ \cos\theta \cdot \sin\varphi \\ \sin\theta \end{bmatrix} \tag{2.17}$$

Koordinatentransformationen zwischen verschiedenen kartesischen Koordinatensystemen werden entweder durch eine Ursprungsverschiebung und eine Rotation oder durch eine beides umfassende Ähnlichkeitstransformation durchgeführt. Die entsprechenden Gleichungen lauten wie folgt:

$$\begin{bmatrix} x \\ y \\ z \end{bmatrix}_2 = \overrightarrow{P_{1\to 2}} + \overline{\overline{R_{1\to 2}}} \cdot \begin{bmatrix} x \\ y \\ z \end{bmatrix}_1 \quad \text{(Drehung und Verschiebung)} \tag{2.18}$$

$$\begin{bmatrix} x \\ y \\ z \\ 1 \end{bmatrix}_2 = \overline{\overline{T_{1\to 2}}} \cdot \begin{bmatrix} x \\ y \\ z \\ 1 \end{bmatrix}_1 = \begin{bmatrix} \overline{\overline{R_{1\to 2}}} & \overrightarrow{P_{1\to 2}} \\ 0 & 1 \end{bmatrix} \cdot \begin{bmatrix} x \\ y \\ z \\ 1 \end{bmatrix}_1 \quad \text{(Ähnlichkeitstransformation)} \tag{2.19}$$

$$\overrightarrow{P_{2\to 1}} = \begin{bmatrix} x_0 \\ y_0 \\ z_0 \end{bmatrix}_{1\to 2} \qquad \overline{\overline{T_{2\to 1}}} = \begin{bmatrix} \overline{\overline{R_{1\to 2}}} & \overrightarrow{P_{1\to 2}} \\ 0 & 1 \end{bmatrix}$$

$$\overline{\overline{R_{1\to 2}(\alpha,\beta,\gamma)}} = \begin{bmatrix} \cos\gamma & -\sin\gamma & 0 \\ \sin\gamma & \cos\gamma & 0 \\ 0 & 0 & 1 \end{bmatrix} \cdot \begin{bmatrix} \cos\beta & 0 & \sin\beta \\ 0 & 1 & 0 \\ -\sin\beta & 0 & \cos\beta \end{bmatrix} \cdot \begin{bmatrix} 1 & 0 & 0 \\ 0 & \cos\alpha & -\sin\alpha \\ 0 & \sin\alpha & \cos\alpha \end{bmatrix} \tag{2.20}$$

$\overrightarrow{P_{1\to 2}}$ ist hierbei die Position des Ursprungs des ersten Koordinatensystems im zweiten Koordinatensystem, $\overline{\overline{R_{1\to 2}}}$ ist die Drehmatrix, α, β, γ sind die Drehwinkel um die Achsen und in der Reihenfolge x, y, z. Es gilt weiterhin:

$$\begin{aligned} \overline{\overline{R_{2\to 1}}} &= \overline{\overline{R_{1\to 2}}}^{-1} = \overline{\overline{R_{1\to 2}}}^{T} \\ \overline{\overline{T_{2\to 1}}} &= \overline{\overline{T_{1\to 2}}}^{-1} = \begin{bmatrix} \overline{\overline{R_{1\to 2}}}^{T} & -\overline{\overline{R_{1\to 2}}}^{T} \cdot \overrightarrow{P_{1\to 2}} \\ 0 & 1 \end{bmatrix} \end{aligned} \tag{2.21}$$

Mehrere Ähnlichkeitstransformationen lassen sich multiplikativ verknüpfen, während die Methode der Verschiebung und Drehung deutlich komplexer zu verknüpfen ist. Im Hinblick auf Kapitel 4 sei bezüglich des sphärischen Koordinatensystem noch der folgende Zusammenhang aufgestellt:

$$\begin{bmatrix} x \\ y \\ z \end{bmatrix} = r \cdot \begin{bmatrix} \cos\psi \cdot \cos\varphi \\ \cos\psi \cdot \sin\varphi \\ \sin\psi \end{bmatrix} = \bar{\bar{R}}(0,-\psi,\varphi) \cdot \begin{bmatrix} r \\ 0 \\ 0 \end{bmatrix} \triangleq \bar{\bar{T}}(0,-\theta,\varphi,\vec{0}) \cdot \begin{bmatrix} r \\ 0 \\ 0 \\ 1 \end{bmatrix} \tag{2.22}$$

2.3 Zusammenfassung des Forschungsbedarfs

Summary of need for further research

Die experimentelle Modalanalyse findet eine sehr breite Verwendung in der Automobilindustrie, im Flug- und Raumfahrzeugbau, im Schiffsbau, im Bauwesen für Brücken, Gebäude und Windenergieanlagen, im Sportgeräte- und Musikinstrumentebau, in der Entwicklung von Lautsprechern, Hörgeräten und künstlichen Organen. Der Verwendungszweck reicht von der Identifikation von Strukturschwachpunkten, über die Zustandsüberwachung bis hin zu messtechnisch-simulativen Vorhersagen des Gesamtsystemverhaltens in der Entwicklungsphase.

Für experimentelle Modalanalysen werden heute fast ausschließlich triaxiale Beschleunigungsaufnehmer oder 3D-Scanning Vibrometer eingesetzt. Weitere Sensoren, wie Speckle-Interferometer, Videokameras, Triangulationssensoren, uniaxiale Beschleunigungsaufnehmer und Einstrahl-Vibrometer, werden zwar zur Schwingungsmessung eingesetzt, die Nutzung für die Modalanalyse ist heute jedoch gering. Teilweise sind hierfür jeweils im Vergleich zu Alternativen die eingeschränkte Funktionalität (gilt für alle uniaxialen Sensoren), sehr hohe Systemkosten (Speckle-Interferometer) oder nur eingeschränkte Einsatzmöglichkeiten (Videokameras, teilweise auch Speckle-Interferometer) verantwortlich.

3D-Scanning Vibrometer kommen im Automobilbau und in der Luftfahrt zur Messung von flächigen Strukturen zum Einsatz. Wichtigste Vorteile sind die zügige, berührungslose Schwingungsmessung großer Flächen, die gute Automatisierbarkeit, in Folge dessen die Möglichkeit zu sehr hoher Punktedichte und schließlich die integrierte Geometrieerstellung. Der größte Nachteil des Messsystems ist der notwendige breite Sichtkorridor, die Kosten des Systems und teilweise die langen Einrichtezeiten. Für die Vermessung offener jedoch sehr großer Bauteile ist ein großer Abstand zwischen Messsystem und Objekt oder ein mehrmaliger Positionswechsel des Messsystems entlang des Objektes notwendig, da die Messgenauigkeit in drei Dimensionen bei sehr spitzem relativen Auftreffwinkel der Laserstrahlen schnell sinkt. Bei relativ stark geschlossenen Strukturen wie Werkzeugmaschinen schließt die Forderung nach dem Sichtkorridor den Einsatz des Systems weitgehend aus.

Triaxiale Beschleunigungsaufnehmer sind die Standardsensoren für Modalanalysen. Insbesondere eignen sich Beschleunigungsaufnehmer zur Vermessung von teilgeschlossenen Strukturen. Eine Sichtverbindung nach außen ist nicht notwendig. Lange Kabel können weitgehend ohne Qualitätseinbußen genutzt werden. Beschleunigungsaufnehmer sind relativ kostengünstig. Die Empfindlichkeit der Beschleunigungsaufnehmer in Weg-Einheiten steigt mit zunehmender Frequenz, während die realisierbare Kraftdichte der meisten Erreger sinkt. Dieser Effekt wirkt sich positiv auf die generelle Eignung der Beschleunigungsaufnehmer für die Modalanalyse aus. Nachteilig sind dagegen die Notwendigkeit zur wiederholten Richtungsangabe, die Notwendigkeit zur separaten Geometrieerstellung, die resultierenden langen Messzeiten, die große Unsicherheit bei der Winkelausrichtung, die für statische und quasistatische Anwendungen teilweise ungenügende Messgenauigkeit im niederfrequenten Bereich, der relativ große Aufwand zur Sensormontage bzw. Richtungsangabe, wenn Montageflächen für Sensoren nicht flach oder zu den Hauptkoordinatenebenen nicht parallel sind und schließlich die fehlende Möglichkeit zur Automatisierung.

Tls sind speziell für geometrische Messungen entwickelte Geräte und damit für die Geometrieerstellung sehr gut geeignet. Aufgrund der geringen Aufnahmeraten und der um mehrere Größenordnungen zu hohen Messunsicherheit, können Tls für die hochfrequente Schwingungsmessung nicht eingesetzt werden. Da Tls für die 3D-Messung nur einen Strahl verwenden, scheint die Anwendbarkeit bei teilgeschlossenen Systemen wesentlich günstiger als die des 3D-scanning-LDV.

Für die Modalanalyse an teilumhausten Objekten wie Werkzeugmaschinen existieren keine Messgeräte, die eine Geometrieerstellung und eine gute Automatisierung zulassen. Dies sind Hauptgründe für die heute sehr begrenzten Möglichkeiten zur Beschleunigung der Untersuchung. Tls weisen ein gutes Potential für die Weiterentwickelung zu einem Messsystem auf, mit dem Modalanalysen inklusive Geometrieerstellung an teilumhausten Objekten mit einer teilautomatisierten Messmethode durchgeführt werden können.

3 Aufgabestellung und Zielsetzung

Task definition and objectives

Die experimentelle Modalanalyse ist heute ein wichtiger Bestandteil in der Entwicklung, Optimierung, Kontrolle und Beurteilung von Produkten in sehr vielen Branchen. Ihr Einsatz erstreckt sich vom Bauwesen über Maschinenbau bis hin zur Medizintechnik (vgl. Kapitel 2.1.2). Ihre Hauptanwendungsgebiete sind die Charakterisierung von Materialeigenschaften, der Abgleich theoretischer Modelle und Simulationsergebnisse sowie die Identifikation mechanischer Strukturschwachpunkte.

Die beiden Messverfahren und die zugehörigen Messgeräte, die sich für die experimentelle Modalanalyse durchgesetzt haben, sind das Laserdopplervibrometer (LDV) und der Beschleunigungsaufnehmer. Das 3D-scanning-LDV wird überwiegend für die Untersuchung von offenen Oberflächen und dünnen Strukturen in der Automobil- und Luftfahrtindustrie genutzt und eignet sich aufgrund des Bedarfs eines großen Sichtkorridors nicht für teilumhauste Strukturen. Triaxiale Beschleunigungsaufnehmer werden auch bei teilumhausten Objekten genutzt. Die Modalanalyse mit Beschleunigungsaufnehmern ist jedoch nicht automatisierbar und erfordert eine separate manuelle Geometrieerstellung. Sie ist daher sehr zeitaufwendig. So besitzen beide Verfahren grundlegende Nachteile bei der Untersuchung von Werkzeugmaschinen und vielen weiteren teilumhausten Objekten (vgl. Kapitel 2.1.3).

Laser-Tracking-Interferometer (TI) haben sich in vielen Bereichen in der geometrischen Vermessung und Kalibrierung durchgesetzt, können automatisch gesteuert werden und stellen relativ geringe Anforderungen an den Sichtkorridor. Die Geräte sind nach dem Stand der Technik für die Messung von Schwingungen nicht geeignet (vgl. Kapitel 2.2.1).

Das Ziel dieser Arbeit ist die Entwicklung des Einstrahlverfahrens und einer Methode zur Durchführung der experimentellen Modalanalyse mit diesem Verfahren. Das Einstrahlverfahren ist die simultane 3D-Schwingungsmessung mit einem Laserstrahl. Die Untersuchungsmethode beinhaltet alle notwendigen Schritte zur Erstellung einer Modalanalyse: Berechnungsverfahren, Automatisierungslösungen und die verfahrensspezifischen Besonderheiten der Datenhaltung. Als Demonstrator-Messgerät wird ein konventionelles TI hard- und -softwaretechnisch so modifiziert, dass es die entwickelte Untersuchungsmethode zu einem ganzheitlichen Messsystem ergänzt. Das Messsystem soll die Durchführung aller messtechnischen und mathematischen Schritte der experimentellen Modalanalyse ermöglichen und durch Automatisierung und Reduktion von Bedienerfehlermöglichkeiten einen Zeit- und Qualitätsvorteil gegenüber den konventionellen Verfahren bieten. Zwar stammen alle in dieser Arbeit betrachteten Anwendungsfälle aus dem Werkzeugmaschinenbau. Die Einsatzmöglichkeiten des Systems sind jedoch keineswegs hierauf beschränkt.

Folgende **Forschungshypothesen** werden in dieser Arbeit bestätigt*:

Hypothese I:

Tracking-Interferometer können so weiterentwickelt werden, dass sie sich zur Messung von Strukturschwingungen von Werkzeugmaschinen eignen.

Hypothese II:

Für das weiterentwickelte Tracking-Interferometer lässt sich eine angepasste Methode erstellen, mit der Modalanalysen an Werkzeugmaschinen durch Parallelisierung und Teilautomatisierung effizienter durchgeführt werden können als mit konventionellen Verfahren.

Zur Strukturierung der Vorgehensweise zur Bestätigung der aufgestellten Hypothesen werden folgende **instrumentale Forschungsfragen** aufgestellt:

1. Welche Anforderungen an das Messsystem werden seitens der teilumhausten Werkzeugmaschine gestellt?
2. Wie lassen sich Strukturschwingungen mit Hilfe eines Tracking-Interferometers dreidimensional erfassen?
3. Wie lässt sich die Geometrie einer Werkzeugmaschine mit einem Tracking Interferometer erfassen?
4. Wie lassen sich die aus beliebigen Messpositionen erfassten geometrischen und dynamischen Daten in ein gemeinsames Koordinatensystem transformieren?
5. Mit welcher Methode lassen sich Modalanalysen mit Tracking-Interferometern automatisieren?
6. Wie hoch ist die technische Leistungsfähigkeit der Schwingungsmessung mit dem Tracking-Interferometern? Welche Grenzen, Abweichungen und Unsicherheiten liegen vor?
7. Wie hoch ist die Messunsicherheit bei der Erstellung des geometrischen Modells des Untersuchungsobjektes?
8. Wie gut ist die Eignung des Messsystems für verschiedene Anwendungsfälle?

Die Arbeit gliedert sich in zwei Hauptabschnitte: *Messmethode und Entwicklung des Messgerätes* mit der Entwicklung der Messmethode (Kapitel 4.1), der Hardware (Kapitel 4.2) und der Software (Kapitel 4.3) sowie *Untersuchung der Leistungsfähigkeit* mit der Untersuchung der einzelnen Leistungsgrenzen (Kapitel 5.1) und der kumulierten Beurteilung anhand von Fallstudien (Kapitel 5.2).

* Im Ingenieurwesen, als einer empirischen Wissenschaft, können Hypothesen durch eine endliche Anzahl von Beobachtungen bestätigt oder widerlegt, aber nicht endgültig bewiesen werden [POIN02].

4 Messmethode und Entwicklung des Messgerätes

Development of a measurement device and a measurement method

In den folgenden Kapiteln wird eine Messmethode für die Modalanalyse im Einstrahlverfahren entwickelt und Anforderungen an ein Messgerät und eine entsprechende Software abgeleitet, Kapitel 4.1. Entsprechend dieser Methode wird die Hardware eines TI für die simultane 3D-Schwingungsmessung mit einem Strahl aufgerüstet. Theoretische Grundlagen des Einstrahl-Verfahrens werden hergeleitet. Es folgt die Kalibrierung des Demonstrators, Grundlagen und Algorithmen-Entwicklung für die Koordinaten-Transformation der Strukturdynamik-Daten, Kapitel 4.2. Schließlich erfolgt die Entwicklung der zugehörigen Software, Kapitel 4.3.

4.1 Messmethode und Anforderungen an ein Messsystem

Measurement method and requirements for a measurement system

4.1.1 Modalanalyse im Einstrahlverfahren

Single beam measurement technique

Der Ansatz zur Durchführung der Modalanalyse im Einstrahlverfahren ist die Nutzung unterschiedlicher Messsysteme des TIs für die Geometrieerstellung und die Schwingungsmessung, Bild 4.1. Für die *Geometrieerstellung* wird die Absolutdistanzmessung und die Messung der Winkel der Rotationsachsen des Geräts genutzt. Diese Messung ist einerseits aus den im Kapitel 2.2.1 besprochenen Gründen vergleichsweise ungenau und in der Geschwindigkeit begrenzt, andererseits erlaubt sie die absolute Positionsbestimmung eines Reflektors im Raum. Die *Schwingungsmessung* wird dagegen mit dem Interferometer und der positionssensitiven Diode durchgeführt. Diese beiden Messprinzipien sind einerseits sehr schnell und haben eine sehr hohe Auflösung bzw. sehr niedrige *lokale* Messunsicherheit. Andererseits sind die beiden letztgenannten Messprinzipien für eine absolute Positionsbestimmung in einem großen Arbeitsvolumen ungeeignet.

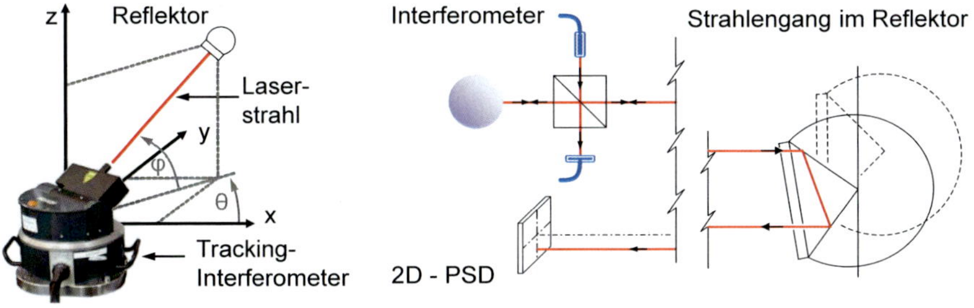

Bild 4.1: Messprinzipien zur Geometrieerstellung und Schwingungsmessung

Principles for geometry and vibration measurement

Bild 4.2 zeigt den Entwurf einer Messstrategie zur Durchführung von Modalanalysen an teilumhausten Strukturen mit einem TI im Einstrahlverfahren. Von den drei

Grundschritten Geometrieerstellung, Schwingungsmessung und Datenprüfung (vgl. auch Bild 2.11) werden die ersten beiden Schritte parallel durchgeführt. Zwei Sätze von Messreflektoren und ein Satz Referenzreflektoren werden verwendet.

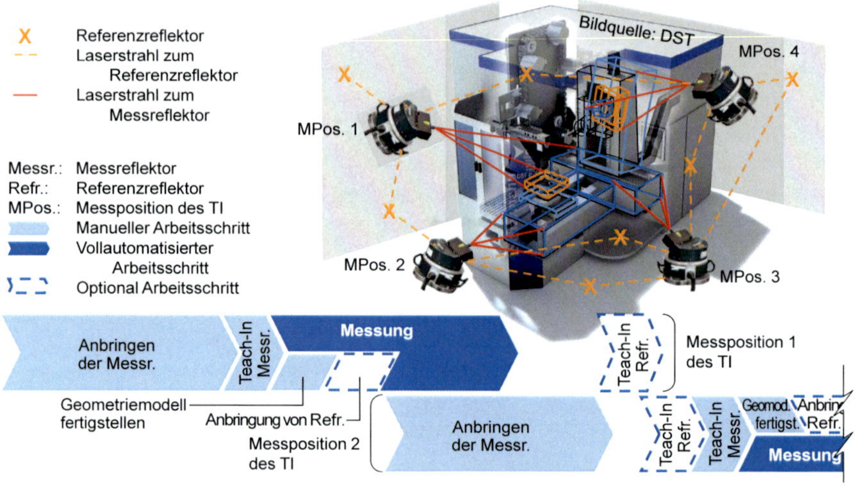

Bild 4.2: Vorgehensweise und Zeitaufteilung bei der Modalanalyse mit einem TI im Einstrahlverfahren

Proceeding and time distribution for modal analysis with a TI using the single beam measurement technique

Der erste Satz der Messreflektoren wird so an verschiedenen Punkten der Maschinenstruktur verteilt, dass sie für das TI in seiner ersten Messposition sichtbar sind. Es handelt sich um einen der zeitlich aufwendigsten Schritte. Die Positionen der Reflektoren werden vom Benutzer nacheinander mit dem TI angepeilt (*Teach-In*) und ihre absolute Lage im Raum vermessen. So liegen die Koordinaten der Punkte direkt für das Geometriemodell vor und werden im nächsten Schritt vom Bediener lediglich zu einem Netzmodell verbunden. Parallel läuft die vollautomatisierte Messung, bei der das TI die während des *Teach-In* eingelernten Punkte nacheinander anvisiert und die Schwingungsmessung durchführt. Der Bediener bringt einen zweiten Satz der Messreflektoren so an, dass sie aus der nächsten Messposition des TI für diesen sichtbar sind und befestigt Referenzreflektoren. Durch das Einmessen der Referenzreflektoren aus der aktuellen und der nächsten Messposition des TI wird die relative Pose des Gerätes, das heißt die Position und die Orientierung, bestimmt. Auf diese Weise werden Messungen aus unterschiedlichen Messpositionen in ein gemeinsames Koordinatensystem transformiert. Die Position der Referenzreflektoren ist nicht auf das Untersuchungsobjekt beschränkt. Sie werden nach Möglichkeit so angebracht, dass sie aus möglichst vielen Messpositionen sichtbar sind. Auf diese Weise lässt sich die Gesamtzeit der Modalanalyse reduzieren und Fehlerfortpflanzung minimieren.

Manuelle, nicht automatisierbare Tätigkeiten bilden in der dargestellten Vorgehensweise weiterhin den zeitlich kritischen Pfad. Die wichtigsten Zeit-Einsparpotenziale gegenüber der Modalanalyse mit Beschleunigungsaufnehmern sind die verkürzte und weitgehend in die Schwingungsmessung integrierte sowie teilautomatisierten Geometrieerstellung, die vollständige Automatisierung der Schwingungsmessung und damit ihre Parallelisierung mit anderen Tätigkeiten, sowie der Wegfall der Angabe der Sensororientierung vor jeder Messung und der damit verbundenen Fehlerquellen, bzw. die Einsparung der Zeit zur Fehlerbehebung.

Bild 4.3 zeigt die Strategieplanung für die experimentelle Modalanalyse eines Bearbeitungszentrums, der in Fallstudie 1 im Kapitel 5.2.1 untersucht wird. Der Maschinenaufbau ist typisch, so dass die dargestellte Abbildung beispielhaft die Eignung des Verfahrens für typische Bearbeitungszentren aufzeigt.

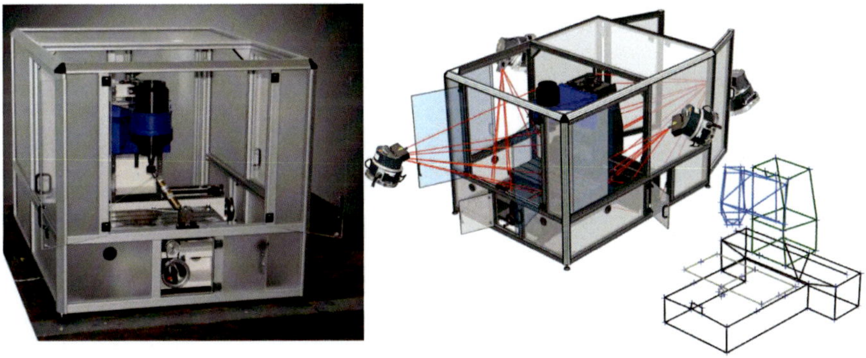

Bild 4.3: Strategieplanung für die Modalanalyse eines Bearbeitungszentrums im Einstrahlverfahren

Strategy planning for the single beam measurement technique modal testing of a machining center

Das dargestellte geometrische Modell besteht aus lediglich 78 Punkten. Zu einer vollständigen Modalanalyse sind vier Messpositionen des TI notwendig. Zur Orientierung des TI werden nur vier Positionen der Referenzreflektoren benötigt.

Bei stärker umhausten Maschinen, die weniger Öffnungen haben, kann die Vermessung einiger schwer zugänglicher Punkte mit dem TI nur mit sehr vielen zusätzlichen Messpositionen oder mit aufwendiger Demontage von Teilen der Umhausung möglich sein. Eine größere Zeitersparnis wird daher durch einige wenige ergänzende Messungen mit Beschleunigungsaufnehmern an schwer zugänglichen Stellen erreicht.

4.1.2 Ableitung der Anforderungen an ein Messsystem

Deduction of requirements on a measurement system

Das Messsystem sei an dieser Stelle als das Laser-Tracking-Interferometer (Messgerät), die Reflektoren und die Mess- und Analysesoftware definiert. Zur Ableitung der Anforderungen an das Messsystem werden die Messmethode Einstrahlverfahren und die Eigenschaften von typischen Untersuchungsobjekten, in diesem Fall Werkzeugmaschinen, herangezogen.

Tabelle 4.1 fasst die abgeleiteten Anforderungen an das Messsystem zusammen. Die festgelegten Forderungen werden in der nachfolgenden Ausführung hergeleitet. Der Literatur sind nur wenige Anhaltspunkte zur Erstellung einer Anforderungsliste an ein Messsystem zur Modalanalyse zu entnehmen. Für die vorliegende Arbeit werden Anforderungen an die *geometrische Messung*, die *Schwingungsmessung* sowie die *Software-Unterstützung* unterschieden. Die nachfolgenden Ausführungen basieren auf Erfahrungen mit Modalanalysen sowie auf durchgeführten Testmessungen.

Tabelle 4.1: Anforderungsliste an das Messsystem für die Modalanalyse im Einstrahlverfahren

Requirements for a measurement system for modal testing using the single beam measurement technique

	Geometrische Messung	
F	Absolute 3D-Messung	
F	Maximale Messlänge	> 5000 mm
F	3D-Messunsicherheit aus einer Messposition	< max [30 mm, 30 mm/m · Strahllänge]
W		< max [3 mm, 3 mm/m · Strahllänge]
F	Koordinatentransformation geometrischer Messungen in ein Koordinatensystem	
	Dynamikmessung	
F	Relative 3D-Messung	
F	Maximale Strahllänge	> 5000 mm
F	Frequenzbereich	5 – 500 Hz (Abtastrate > 1000 Hz)
W	Frequenzbereich	0 – 1000 Hz (Abtastrate > 2000 Hz)
F	Maximale Verlagerung	> 70 µm
F	Verlagerungsauflösung	< 0.6 µm
	Software-Unterstützung	
F	Unterstützung in den Untersuchungsschritten *Geometrieerstellung*, *Schwingungsmessung* und *Datenprüfung* durch die Software	
F	Teilautomatisierung der *Schwingungsmessung* und teilweise Integration der *Geometrieerstellung*	
F	Reporterstellung für die automatisierte Schwingungsmessung	
W	Einbindung von Beschleunigungsaufnehmern möglich	
W	Bedienerfehler-Abfang	
	F: Forderung	W: Wunsch

Die Genauigkeitsanforderungen an die *Geometrieerstellung* sind insgesamt als relativ gering zu bezeichnen. Für die Einsatzarten der experimentalen Modalanalyse *Modenzuordnung* und *experimentellen Identifikation dynamischer Schwachstellen* (vgl. Kapitel 2.1.2) muss die vermessene Maschinengeometrie lediglich für den Ingenieur „gut erkennbar“ sein. Für die Möglichkeit, zukünftig automatisierte Modellkorrelation und Substrukturkopplung durchzuführen, ist eine höhere Genauigkeit wünschenswert. Die Anforderung sinkt tendenziell bei großen Maschinen und wird deswegen als eine mit der Strahllänge zunehmende Toleranz definiert (Forderung: max [30 mm, 30 mm/m · Strahllänge], Wunsch: max [3 mm, 3 mm/m · Strahllänge]). Entsprechend dem typischen Aufbau, der Größe und Zugänglichkeit von Werkzeugmaschinen sollen Messabstände von bis 5000 mm möglich sein.

Bezüglich der *Dynamikmessung* sollen Messungen von Nachgiebigkeitsfrequenzgängen in einem Mindestfrequenzbereich von 5 Hz – 500 Hz möglich sein, als darüber hinausgehende Wunschforderung seien 0 Hz – 1000 Hz definiert. Unter Berücksichtigung des Shannon-Theorems und der Übertaktung (vgl. Kapitel 2.1.1) sollten Abtastraten von möglichst deutlich über 2000 Hz realisiert werden können.

Bezüglich der Verlagerungsauflösung bzw. des Signal-Rauschverhältnisses im Wegsignal gibt die Literatur nur wenige Anhaltspunkte. Die Berechnung von Übertragungsfunktionen im Frequenzbereich, insbesondere die Technik der Signalkorrelation mit verschiedenen Mittelungsverfahren (vgl. Kapitel 2.1.1) und die Signalfilterung senken tendenziell die Anforderungen an das Messgerät, erschweren gleichzeitig die Angabe von absoluten Soll-Grenzen. Aus diesem Grund werden zunächst anhand der folgenden, in Bild 4.4 dargestellten Analyse erste Anhaltswerte abgeleitet.

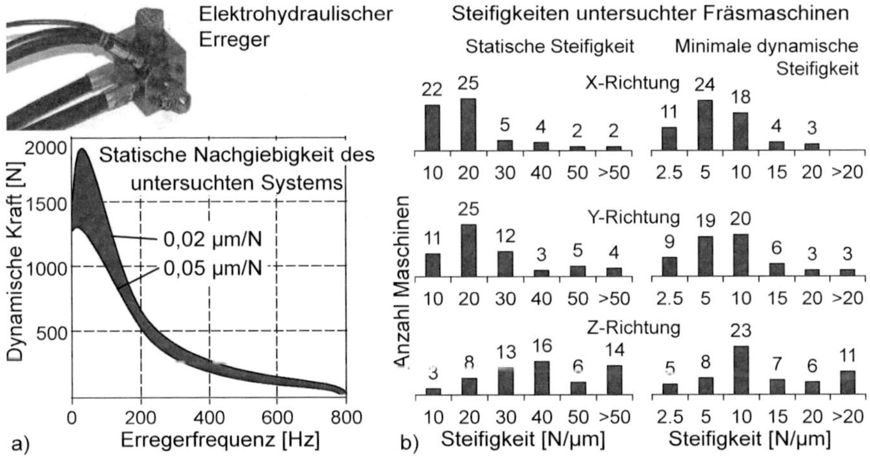

Bild 4.4: Eigenschaften des elektrohydraulischen Erreger, Steifigkeiten von Fräsmaschinen bis 2000 mm [WECK06a]

Properties of the electrohydraulic exciter and stiffness of milling machines up to 2000 mm travel range [WECK06a]

Zur Anregung der Struktur für die experimentelle Modalanalyse von Werkzeugmaschinen wird häufig der in Bild 4.4a dargestellte elektrohydraulische Relativerreger nach Rehling verwendet [REHL65]. Die dynamische Erregerkraft und die realisierte Verlagerung sind von Eigenschaften des Erregers und der Steifigkeit des Systems abhängig. Die Kraft- und die Verlagerungsamplitude sinken mit der Frequenz und fallen bei ca. 800 Hz quasi auf Null ab. Bei Systemen mit ausgeprägten Resonanzen wie Werkzeugmaschinen zeigt z. B. Manoharan mit der Ansteuerung-Kraft-Übertragungsfunktion die starke resonanzenabhängige Variation der Erregerkraft über der Frequenz [MANO11]. Für Vergleiche der Steifigkeiten von Werkzeugmaschinen wird häufig die Übersicht nach [WECK06a] (dort: S. 312 – 313, Bilder 6-90 bis 6-91) herangezogen. In Bild 4.4b sind auf Basis der Daten nach [WECK06a] und weiterer Maschinenuntersuchungen des WZL bis 2013 die absoluten Werte der statischen und minimalen dynamischen Steifigkeiten der untersuchten Fräsmaschinen zusammengetragen. Die Daten beziehen sich auf Fräsmaschinen mit vertikaler und horizontaler Spindel mit maximalem Verfahrweg der längsten Achse bis 2000 mm.

Bild 4.5a stellt die Nachgiebigkeitsfrequenzgänge zweier Bearbeitungszentren (WZM1 mit vertikaler Spindelachse und WZM2 mit horizontaler Spindelachse) in Y-Richtung, das heißt, senkrecht zur Spindelachse dar. In Bezug auf Bild 4.4b ist WZM1 als weich und WZM2 als relativ steif zu bezeichnen.

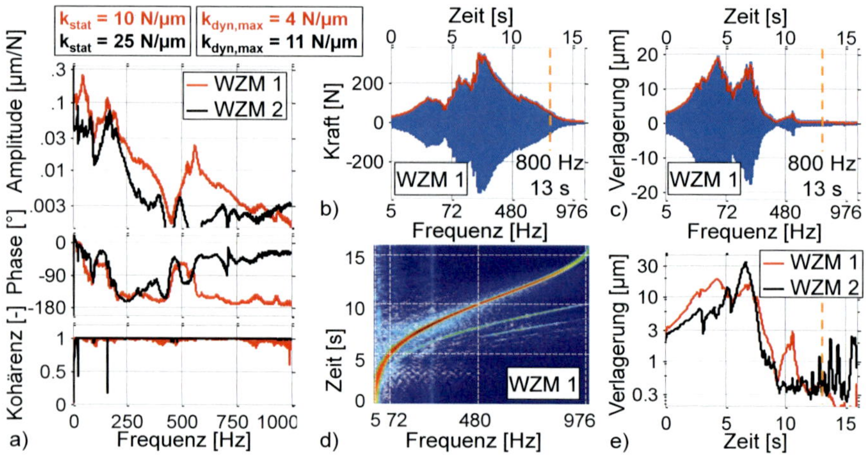

Bild 4.5: Nachgiebigkeitsfrequenzgänge zweier Fräsmaschinen bei Anregung mit dem elektrohydraulischen Erreger, Zeitsignale des Weges und der Kraft

Dynamic compliance of two milling machines excited using the electrohydraulic exciter, time signals of displacement and force

Bild 4.5b und d stellen den Zeitverlauf der mit dem elektrohydraulischer Relativerreger bei typischen Einstellungen realisierten dynamischen Kraft bei der Untersuchung von WZM1 und die entsprechende Zeit-Frequenzanalyse des Signals dar. Die Frequenz steigt von 5 Hz auf 1000 Hz mit einem cos^2-Verlauf. Im oberen Bildteil sind die Näherungswerte der aktuellen Frequenz entlang der Zeitachse angegeben. Die in rot dargestellte Einhüllende ist die Hilberttransformierte des Zeitsignals. Als Taille des Signalverlaufs ist die Resonanzstelle bei ca. 65 Hz, als Spitze die Antiresonanz bei ca. 450 Hz erkennbar. In Bild 4.5c ist der Zeitverlauf der Verlagerung der WZM1 und in Bild 4.5e die Hilberttransformierten der Verlagerungssignale für WZM1 und WZM2 dargestellt. Aus dem Verlauf der Hilberttransformierten werden als Anhaltspunkte für die Anforderungsliste der Messbereich von mindestens 70 µm und eine Verlagerungsauflösung von mindestens 0.6 µm übernommen (jeweils 2 x Amplitude, im Bereich bis 800 Hz). Weit vom Werkzeug entfernte Strukturpunkte der Werkzeugmaschine weisen bei experimentellen Modalanalysen häufig wesentlich geringere Schwingungsamplituden auf als das Werkzeug. Daneben spielen weitere Faktoren wie die Schwingungsformen, Curve-Fitting-Algorithmen etc. eine große Rolle für die Relevanz der exakten Schwingungsmessung in bestimmten Frequenzbereichen und damit für die Anforderungen an das Messsystem. Dies betreffende Untersuchungen werden im Kapitel 5.1.1 durchgeführt, sie finden jedoch zunächst keine Berücksichtigung bei der Aufstellung der Anforderungsliste.

Neben der Unterstützung aller Hardwarekomponenten folgen aus der Messmethode weitere Forderungen an die *Software-Unterstützung*. Das Messsystem muss eine Umstellung des Messgerätes und die Transformation der Geometrie- und Schwingungsmessungen in ein gemeinsames Koordinatensystem ermöglichen. Das Punkte-*Teach-In* und die anschließende automatisierte Vibrationsmessung (Anvisieren und Messen) müssen möglich sein. Ein Fehlerreport des automatischen Messlaufs muss erstellt werden, da der Benutzer den Prozess ggf. nicht beobachtet. Während der automatisierten Schwingungsmessung muss die parallele Komplementierung des geometrischen Modells durch den Benutzer möglich sein. Das Messsystem sollte für die hybride Messstrategie Beschleunigungsaufnehmer einbinden können. Bedienerfehler sollten nach Möglichkeit durch die Software abgefangen werden. Schließlich müssen alle drei Schritte *Geometrieerstellung*, *Schwingungsmessung* und *Datenprüfung* nach Bild 2.11 durch die Software unterstützt werden.

4.2 Ableitung des Hardwareaufbaus, Umsetzung

Deduction of the hardware design, implementation

Im folgenden Kapitel wird anhand des in dieser Arbeit entwickelten Demonstrators eine Vorgehensweise zur Erstellung eines für Messungen der Strukturdynamik geeigneten TI aufgezeigt. Als Grundgerät wird ein Lasertracer der Firma Etalon AG verwendet. Zunächst wird der Aufbau des Geräts und der Umbau bzw. Ergänzung seiner Hardware dargestellt (Kapitel 4.2.1). Grundlagen der Vibrationsmessung in jeweils einer Dimension in Strahlrichtung und quer zur Strahlrichtung werden erläutert, mögliches Übersprechen zwischen der Bewegung in einer und Messwerten in einer anderen Richtung diskutiert und durchgeführte Messungen dargestellt (Kapitel 4.2.2). Schließlich wird die Kombination der Messprinzipien zur 3D-Messung diskutiert und Ergebnisse vorgestellt (Kapitel 4.2.3).

4.2.1 Aufbau des TI-Demonstrators, notwendige Zusatzhardware

Design of the TI demonstrator, required accessory hardware

Der Aufbau des verwendeten TI ist in Bild 4.6 dargestellt. Das TI verfügt über zwei Drehachsen mit erreichbaren Winkelstellungen von Azimut bzw. $\varphi = \pm 185$ ° und Zenit bzw. $\theta = +89$ °/-10°. Die Winkelauflösung beträgt 0,0009 °. Angaben über die

Winkelgenauigkeit sind nicht verfügbar. Das Gerät wird von seiner Kontrolleinheit über eine Glasfaser mit einem Helium-Neon-Laser mit einer Vakuumwellenlänge von 632,816 nm versorgt. Die interferometrische Längenmessung erfolgt mit dem Homodyn-Interferometer. Das Interferometer ist laut Herstellerangaben für Messungen bis mindestens 15 m geeignet. Der Lasertracer verfügt über keine Absolutdistanz-Messeinheit.

Die Besonderheit des Gerätes ist die relative Längenmessung zwischen dem Reflektor und einer von den rotatorischen Achsen mechanisch entkoppelten Präzisionskugel, wodurch die geometrischen Abweichungen der Achsen eine weit untergeordnete Rolle für die Längenmessung spielen [KNIE07]. Ein Teil des vom Reflektor zurückgeworfenen Messstrahls wird vor dem Interferometer ausgekoppelt und auf eine positionssensitive Fotodiode geleitet. Das PSD-Signal wird zur Strahlverfolgung genutzt. Der restliche Teil des Laserlichtes wird in das Interferometer geleitet. Zum Interferometer liefert die Verstärkereinheit des Gerätes zwei um 90 ° phasenverschobene harmonische Signale (zur Signalaufbereitung vgl. Kapitel 2.1.1 und 2.1.3). Die Signale der PSD werden zu Stellsignalen für die Rotationsachs-Antriebe verrechnet. Das externe Auslesen der PSD-Signale ist zunächst nicht möglich.

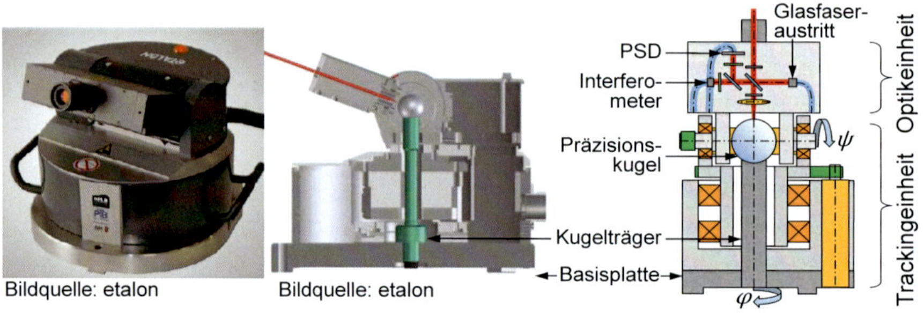

Bild 4.6: Lasertracer der Etalon AG und Strahlengang im optischen System des Gerätes

Lasertracer of Etalon AG and beam path in the optical system of the device

Für die Achsregelung des Gerätes werden folgende Begriffe in dieser Arbeit verwendet. Als *Folgemodus* wird der Achsregelmodus bezeichnet, bei dem das Gerät mit Hilfe der PSD-Signale einem Reflektor folgt. Als *Haltemodus* wird der Achsregelmodus bezeichnet, bei dem der Lasertracer eine Position der Drehachsen beibehält. Das *Lock-in* und das *Lock-out* sind Übergänge vom Haltemodus in den Folgemodus und umgekehrt.

Im Laufe dieser Arbeit wurde die Hardware des Lasertracers ergänzt. Bild 4.7 zeigt den modifizierten Aufbau des Gerätes. Über der Optikeinheit ist eine Absolutdistanzmesseinheit (ADM) mit Justagevorrichtung montiert. Die Optikeinheit ist mit einer Abdeckung abgeschlossen, die die zusätzlichen Anschlussbuchsen trägt.

TI-Demonstrator

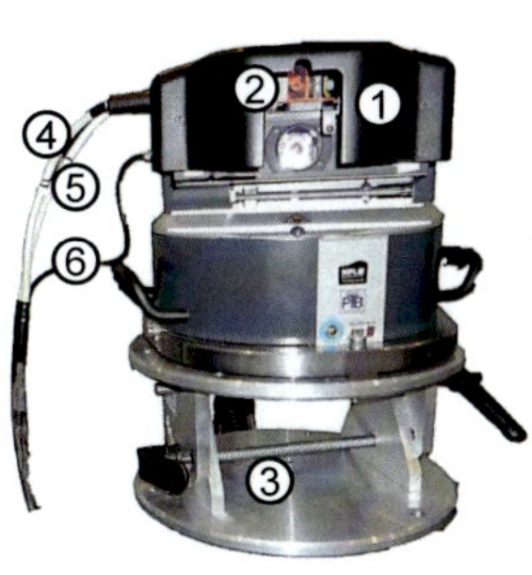

1 Abdeckung
2 ADM
3 Neigevorrichtung
Kabel für:
4 Einkoppelvorrichtung
5 ADM
6 PSD

Verstärkereinheit

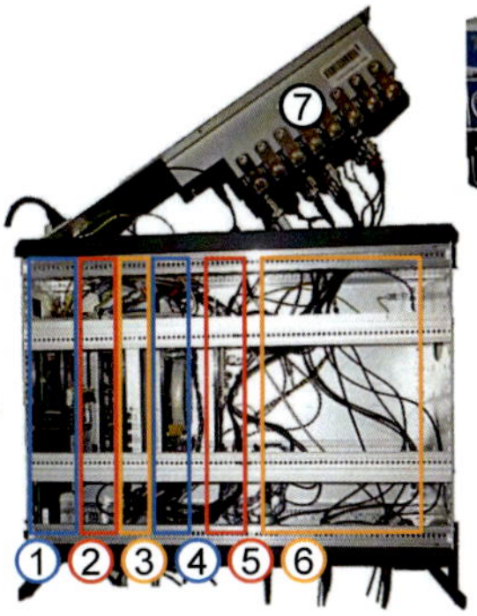

1+4 Spannungsversorgung
2 PSD-Verstärker
3 Ladungsverstärker
5 Analog-TTL-Wandler
6 Kabel-Direktverbindungen
7 DAQ

DAQ: NI cDAQ-9178

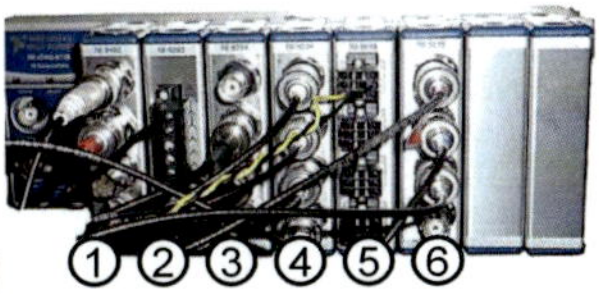

1 NI 9402 Digitalkarte
  1 Einkoppelvorrichtung
  2+4 Interferometer (TTL)
  NI 9402 Digitalkarte
2 NI 9263 DAC
  1 Erregeransteuerung
3 NI 9234 (1) ADC
  2+3 PSD
4 NI 9234 (2) ADC
  1 Kraft (ICP)
  2-4 Beschleunigungsaufn.
5 NI 9219 ADC
  1 ADM
6 NI 9215 ADC
  1 Kraft (Ladung)
  2+3 Interferometer (sin-cos)

Bild 4.7: Aufbau des TI-Demonstrators, Verstärkereinheit und DAQ

Set up of the TI-demonstrator, amplifier unit and DAQ

Das TI wurde mit einer Verstärkereinheit mit integrierter Datenakquisitionshardware (DAQ) ergänzt. Die Verstärkereinheit integriert außerdem einen Ladungsverstärker für piezoelektrische Kraftsensoren, einen zweikanaligen Analog-TTL-Wandler für Interferometersignale, einen PSD-Verstärker, mehrere Direktverbindungen von der Anschlussplatte zum DAQ sowie die notwendigen Spannungsversorgungs-Einheiten.

Der analoge PSD-Verstärker verrechnet die vier Stromsignale der PSD und wandelt sie in zwei Spannungsignale (vgl. Kapitel 2.2.2), die jeweils zu einer der beiden Auftreffkoordinaten des Laserstrahls auf der PSD proportional sind. Bei der ADM handelt es sich um das Modell ILR 1031 50 der Fa. Micro-Epsilon. Der Sensor liefert ein distanzproportionales Stromsignal, dass sich linear zwischen zwei Distanzpunkten kalibrieren lässt. Die absolute Distanz berechnet sich nach Gleichung 4.1. Die eingestellten Kalibrierwerte sind unterhalb der Gleichung angegeben. Der Hersteller gibt die Genauigkeit der ADM mit Linearität von ± 20 mm und Wiederholgenauigkeit < 5 mm an.

$$r = \frac{I - I_{min}}{I_{max} - I_{min}} \cdot (r_{max} - r_{min}) + r_{min} \quad (4.1)$$

r : *Abstand*	$r_{max} = 7170\,mm$	$I_{max} = 20\,mA$
I : *Strom*	$r_{min} = 1170\,mm$	$I_{min} = 4\,mA$

4.2.2 Strahlpropagation im Reflektor und 1D-Schwingungsmessung

Beam propagation in the reflector and 1D-virbation measurement

Nach dem Einstrahlverfahren werden Schwingungen in Strahlrichtung (eng. *out-of-plane*) und Lateralschwingungen (eng. *in-plane*) auf unterschiedliche Weise erfasst. Bewegungen in Strahlrichtung werden durch das Interferometer, Bewegungen in den beiden dazu orthogonalen Richtungen mit der positionssensitiven Diode erfasst. Das Prinzip der dynamischen Messung ist in Bild 4.8 dargestellt. Im Folgenden wird die Separation der Messungen beschrieben.

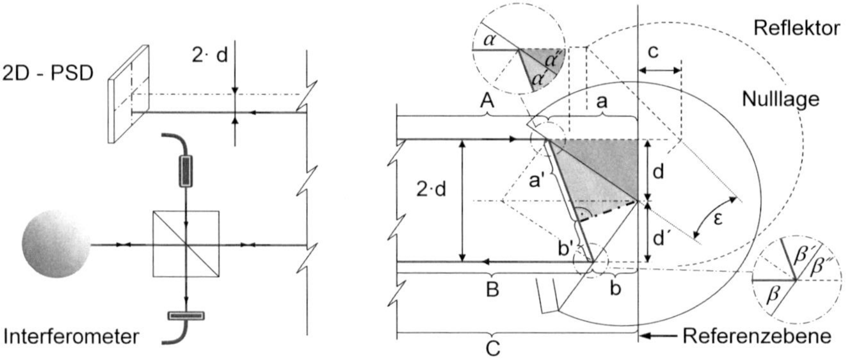

A Länge des einfallenden Strahls

B Länge des reflektierten Strahls

C Distanz TI zu Referenzebene

a'+b' = a+b Länge des Querstrahls im Reflektor

$\alpha, \alpha', \alpha''$ Winkel am einfallenden Strahl

β, β', β'' Entsprechende Winkel am reflektierten Strahl

c, d (d') Reflektorauslenkung in und quer zur Strahlrichtung

Bild 4.8: Geometrische Betrachtung der Strahlpropagation im Reflektor

Geometric analysis of beam propagation within the reflector

Bei den benutzten Reflektoren handelt es sich um sogenannte Tripplespiegel-Reflektoren, in der englischsprachigen Literatur als *cube corner reflector* bezeichnet. In den Reflektoren befinden sich drei unter 90 ° zu einander ausgerichtete Spiegel, die Geometrie entspricht der Ecke eines Würfels. Bei der besonderen hier verwendeten Bauform hat sich der Begriff SMR, *spherical mounted reflector*, etabliert. Der Reflektor ist hierbei in ein sphärisches Gehäuse eingearbeitet. Der Stoßpunkt der drei Spiegelflächen befindet sich exakt im Mittelpunkt der Kugel.

Die beschriebene Geometrie des Reflektors wird in Bild 4.8 vereinfacht in zwei Dimensionen dargestellt. Die folgende Rechnung lässt sich auf drei Dimensionen erweitern. Zunächst sei angenommen, dass der Laserstrahl und die Winkelhalbierende zwischen den beiden Spiegeln des dargestellten Reflektors deckungsgleich sind. Diese Situation wird durch die gestrichelte Abbildung des Reflektors dargestellt. Der Strahl wird in sich selbst reflektiert. Die Reflexion findet parallel zum einfallenden

Strahl statt, dies wird weiter unten bewiesen. Da sich die Ecke zwischen den beiden Spiegeln im Zentrum des Kreises befindet (beim Tripel-Spiegel im Zentrum der Kugel), ändert sich offensichtlich weder die Strahllänge noch der Versatz zwischen einfallendem und reflektiertem Strahl. Bei einer Bewegung des Doppelspiegels in Strahlrichtung ergibt sich in dieser Position kein Lateralversatz des Laserstrahls. Bezüglich der in Bild 4.8 bezeichneten Strecken gilt:

$$C = A + a = B + b \tag{4.2}$$

Sei nun der Spiegel um d quer zum Strahl und um c in Strahlrichtung aus der Nulllage verschoben. Mit dem Reflexionsgesetz und als Wechselwinkel gilt:

$$\alpha = \alpha' = \alpha'' \tag{4.3}$$

Entsprechendes gilt auf der Oberfläche des anderen Spiegels. Von der Ecke des Doppelspiegels kann ein Lot auf den Strahl zwischen den Spiegeln gefällt werden (dicke strichpunktierte Linie). So ergeben sich auf beiden Seiten des oberen Spiegels die farblich hinterlegten, gespiegelten, rechtwinkligen Dreiecke. Gleiches gilt am unteren Spiegel. Daraus ergibt sich unmittelbar:

$$a = a' \qquad b = b' \qquad C = A + a' = B + b' \tag{4.4}$$

Damit hat der Lateralversatz des Reflektors auch bei gedrehtem Reflektor keinen Einfluss auf die Strahllänge. Der Abstand zwischen dem einfallenden und dem reflektierten Strahl ergibt sich zu $2 \cdot d$, dem Doppelten der Reflektor-Auslenkung, weil sich Flächendiagonalen von Rechtecken zentrisch schneiden. Die parallele Reflektion ergibt sich aus der folgenden Rechnung. Im Dreieck zwischen den beiden Spiegeln und dem Strahlteil zwischen ihnen gilt:

$$\alpha' + \beta' + 90° = 180° \quad \rightarrow \quad \alpha' + \beta' = 90° \tag{4.5}$$

Nun wird der einfallende Strahl auf den ersten Spiegel gedreht, von dort aus auf den Zweiten und von dort aus auf den reflektierten Strahl. Gleichung 4.6 zeigt die Parallelität zwischen dem einfallenden und dem reflektierten Strahl. Es ergibt sich im mathematisch positiven Drehsinn:

$$-\alpha + 90° - \beta = 90° - (\alpha + \beta) = 0 \tag{4.6}$$

Eine Verschiebung des Doppelspiegels in Strahlrichtung bei einem beliebigen Lateralversatz und Drehwinkel kann ohne Einschränkung der Allgemeingültigkeit als folgende Bewegungsfolge beschrieben werden: Lateralverschiebung des Reflektors in den Strahl, Drehung auf 0 °, Verschiebung in Strahlrichtung, Rückdrehung und Lateralversatz auf den ursprünglichen Abstand.

Damit ist Folgendes gezeigt:

- Eine Bewegung des Spiegels in Strahlrichtung verursacht eine doppelt so große Strahllängenänderung.
- Eine Bewegung des Spiegels quer zur Strahlrichtung verursacht einen doppelt so großen Lateralversatz zwischen einfallendem und reflektiertem Laserstrahl.

- Eine Strahllängenänderung und insbesondere sein Lateralversatz in Folge der Reflektorbewegung werden nicht von der gesamten Strahllänge beeinflusst (Es ist kein Genauigkeitsverlust wie bei der Winkelmessung gegeben).
- Eine Drehung des Reflektors verursacht keine Änderung der Laserstrahllänge oder des Lateralversatzes.
- Es existiert kein Übersprechen, das heißt kein Einfluss von der Bewegung in Strahlrichtung auf den Lateralversatz und von der Bewegung quer zur Strahlrichtung auf die Strahllänge.

Für die dreidimensionale Messung der Reflektorbewegung ist eine einmalige Kalibrierung der Sensorsignale erforderlich. Die Kalibrierung der Messung in Strahlrichtung ist durch die Angabe der Laserwellenlänge gegeben. Die Kalibrierung der Messung quer zur Strahlrichtung erfordert die Angabe des Proportionalitätsfaktors zwischen Verlagerung und Sensorsignal und ist in Bild 4.9 für die Messung mit einem 0,5"-Tripelspiegelreflektor dargestellt. Das TI wird hierfür auf den Tisch einer Werkzeugmaschine montiert, der Laserstrahl auf den Reflektor gerichtet und das TI in den *Folgemodus* geschaltet. Die Maschine positioniert den Reflektor relativ zum TI so, dass der Laserstrahl parallel zu einer Maschinenachse ausgerichtet ist (Ausgangsposition). Die hierfür notwendige relative Position des Lasertracers zum Reflektor in Maschinenkoordinaten wurde bei der Untersuchung der Winkelgenauigkeit ermittelt und wird im Kapitel 5.1.2 dargestellt.

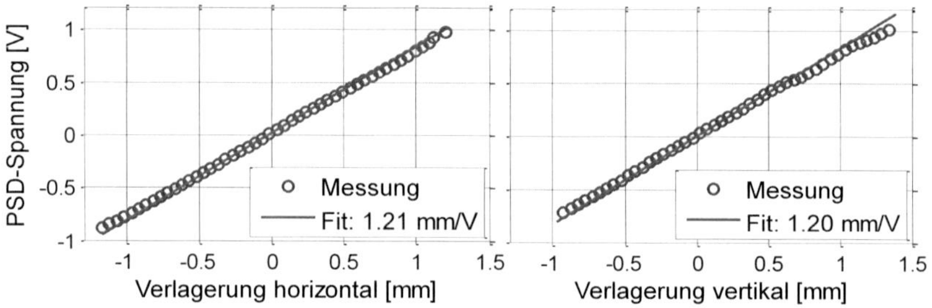

Bild 4.9: Kalibrierung der Lateralmessung, Linearität der positionssensitiven Diode

Calibration of lateral direction measurement, linearity of position sensitive diode

Das TI wird in der Ausgangsposition in den *Haltemodus* gesetzt und die Maschine überfährt in 0,05 mm Schritten einen Bereich von über ± 1 mm. Die genaue Position der Maschine wird hierbei durch induktive Messtaster zwischen Tisch und Spindel aufgenommen und mit den Messwerten der PSD verglichen.

Die Messung ist in weiten Bereichen linear und die ermittelten Proportionalitätsfaktoren betragen 1.21 mm/V in horizontaler und 1,20 mm/V in vertikaler Richtung. Da bei den dargestellten Messungen keine signifikanten Veränderungen der Messwerte der jeweils anderen PSD-Richtung festgestellt wurden, wird der rotatorische Einbaufehler der Diode zu 0 ° (im Rahmen der Messunsicherheit) bestimmt. Die Messung wurde aus verschiedenen Distanzen durchgeführt und zeigte keine Änderungen der Proportionalitätswerte. Während der Kalibrierung befindet sich das TI im *Haltemodus*, es folgt dem Reflektor nicht, sondern hält die Achspositionen. Die Stabilität des Haltemodus wurde vor der Kalibrierung über vier Stunden überprüft, dies entspricht einem Vielfachen der Kalibrierzeit. Unter Berücksichtigung der gesamten Fläche der PSD bezieht sich die dargestellte Kalibrierung auf ein Mittenkreuz mit ± 0,5 mm Auslenkung aus dem Nullpunkt. Eine Überprüfung der Linearität über noch weitere Messbereiche und über die Fläche erfolgt im Kapitel 5.1.1.

Für die Verarbeitung der *sin-cos-Rohsignale* des Interferometers existieren grundsätzlich die Möglichkeiten der Analogverarbeitung, auch Kreisinterpolation genannt, und jene der Digitalverarbeitung, auch Counterverarbeitung genannt. Die beiden Rohsignale des Interferometers IF_1 und IF_2 sind für eine Ruhemessung in Bild 4.10a dargestellt. Es handelt sich um langsame zufällige Bewegungen des Reflektors.

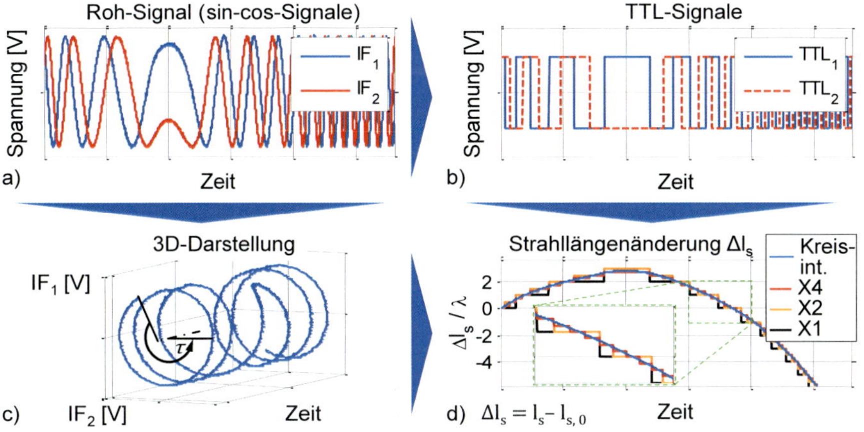

Bild 4.10: Verarbeitung der sin-cos-Rohsignale des Laserinterferometers

Treatment of sin-cos raw signals of the laser interferometer

In der *Counterverarbeitung* werden die Rohsignale IF_1, IF_2 zunächst in sogenannte TTL-Signale gewandelt, Bild 4.10b. Aus harmonischen Signalen werden hierbei über die Identifikation der Nulldurchgänge Rechtecksignale gebildet. Bei TTL-Signalen werden nun die Flanken gezählt. Es wird zwischen Ein-, Zwei- und Vierflankenauswertung bzw. *X1-*, *X2-* und *X4-counting* unterschieden. Im gegebenen Fall des 633 nm Helium-Neon-Lasers und der doppelten Laserstrecke entsprechen die Counter-Arten Auflösungen von $\lambda/2$, $\lambda/4$, $\lambda/8$ bzw. 317 nm, 158 nm, 79 nm. Fehlerquellen ergeben sich, wenn wegen der hohen Frequenzen der TTL-Signale eine Flanke nicht gezählt werden kann. Die maximale registrierbare Geschwindigkeit ist in Gleichung 4.7 gegeben.

$$v_{max,counter} = \frac{\lambda}{2 \cdot \text{Flankenzahl} \cdot T_{s,counter}} \tag{4.7}$$

T_s ist hierbei die Abtaszeit des Aufnahmegeräts. Bei einer internen Zählfrequenz von 18 MHz des genutzten Countermoduls NI 9402 beträgt die maximale Geschwindigkeit des Reflektors bei der Vierflanken-Auswertung 1,4 m/s. Diese Grenze wurde bei keinem Experiment erreicht.

Bei der *Kreisinterpolation* werden die beiden Rohsignale von Analog-Digitalwandlern erfasst. Die beiden harmonischen Signale ergeben in einem 3D-Diagramm dargestellt eine Spirale, die bei Änderung der Bewegungsrichtung des Reflektors ihren Drehsinn ändert. Die Darstellung in der IF_1-IF_2-Ebene ist eine sogenannte Lissajous-Figur. Eine Umdrehung der Spirale entspricht einer Strahllängenänderung von λ. Die Laserstrahllängenänderung wird über die Auswertung des ab der Initiallänge überschrittenen Winkels τ bestimmt, Bild 4.10c. Der Winkel wird über die Arkustangens-2-Funktion aus den beiden Rohsignalen berechnet und die 2π-Sprünge werden entfernt. Dies wird als Phasendemodulation und in vielen Software als *unwrap*-Funktion bezeichnet.

Exkurs: Phasendemodulation

Die Tangens-Funktion ist nicht eindeutig umkehrbar, weil sie π-periodisch ist. Für die Berechnung des Winkels τ wird nicht die Arkustangensfunktion mit Wertebereich $(-\pi/2\ ;\ \pi/2]$ benutzt. Vielmehr wird unter Berücksichtigung der Vorzeichen von IF_1 und IF_2 die Arkustangens-2-Funktion mit Wertebereich $(-\pi;\ \pi]$ verwendet. Sie wird mathematisch wie folgt definiert:

$$\tau = \mathrm{atan2}(\mathrm{IF}_1, \mathrm{IF}_2) = \mathrm{atan}\left(\frac{\mathrm{IF}_1}{\mathrm{IF}_2}\right) + \mathrm{sign}(\mathrm{IF}_1) \cdot \left(1 - \mathrm{sign}(\mathrm{IF}_2)\right) \cdot \pi/2 \qquad (4.8)$$

$$\mathrm{sign}(\mathrm{IF}_i) = [-1\ falls\ \mathrm{IF}_i < 0, \quad 1\ falls\ \mathrm{IF}_i > 0, \quad 0\ falls\ \mathrm{IF}_i = 0]$$

Der Arkustangens-2 hat hierbei bereits weniger Sprünge im Verlauf, als der Arkustangens. Nun wird durch die Phasendemodulation bestimmt, in welchem Zweig der Tangensfunktion der Wert des Winkels τ *wahrscheinlich* liegt. Diese Berechnung basiert auf der Annahme, dass die absolute Differenz zwischen zwei aufeinanderfolgenden Werten des Winkels möglichst klein ist. Sie ist dann möglichst klein, wenn gilt:

$$\Delta\tau_{\mathrm{demoduliert}} = \underset{n \in N}{\mathrm{absmin}}(\Delta\tau \pm n \cdot 2\pi) \qquad (4.9)$$

$$\mathrm{absmin}(x) = \min(|x|) \cdot \mathrm{sign}(x_{\min(|x|)})$$

Dieser wahrscheinliche Winkel, wird typischerweise über die Modulo-Funktion zu π berechnet. Diese Funktion bewirkt, dass der Betrag von $\Delta\tau_{\mathrm{demoduliert}}$ stets kleiner oder gleich π ist.

$$\Delta\tau_{\mathrm{demoduliert}} = ((\Delta\tau + \pi/2) \bmod \pi) - \pi/2 \qquad (4.10)$$

Intuitiv ausgedrückt korrigiert die Demodulation alle Winkeldifferenzen von mehr als einer halben Umdrehung in Winkeldifferenz von weniger als eine halbe Umdrehung in die entgegengesetzte Richtung.

Der Winkel τ ist damit nicht auf den Wertebereich $\pm\pi$ beschränkt. Bei dem Verfahren der Kreisinterpolation ist eine Auflösung von ca. 1 ° möglich. Dies entspricht nach Gleichung 4.11 einer Auflösung von weniger als einem Nanometer.

$$\Delta l_{s,min,Kreisinterpolation} = \frac{\Delta\tau_{min\ messbar}}{2 \cdot \pi} \cdot \frac{\lambda}{2} \tag{4.11}$$

Der ermittelte Winkel $\tau_{demoduliert}$ ist falsch, wenn der Betrag der wahren Winkeldifferenz zwischen zwei aufeinander folgenden digitalisierten Werten π oder größer ist, weil die Demodulation $\pm\pi$-Sprünge entfernt. Dies entspricht einer Messstrahllängenänderungsrate von $\pm 1/2 \cdot \lambda / T_S$. Mit der maximalen Abtastrate der verwendeten Analog-Digitalwandler NI-9234 von 51,2 kHz ist die Geschwindigkeit des Messobjektes auf nur 8 mm/s beschränkt.

$$v_{max,Kreisinterpolation} = \frac{\lambda}{4 \cdot T_s} \tag{4.12}$$

Bild 4.11 zeigt den Versuchsaufbau und den Nachgiebigkeitsfrequenzgang eines Zweimassenschwingers, der auch in [BREC11a] für Vergleichsmessungen genutzt wurde. Der Zweimassenschwinger hat im Bereich bis 500 Hz zwei ausgeprägte Resonanzfrequenzen bei 133 Hz und 366 Hz. Die Krafteinleitung erfolgt mit einem Impulshammer. Die Aufnahme der Verlagerung wird mit dem Laserinterferometer in Strahlrichtung durchgeführt.

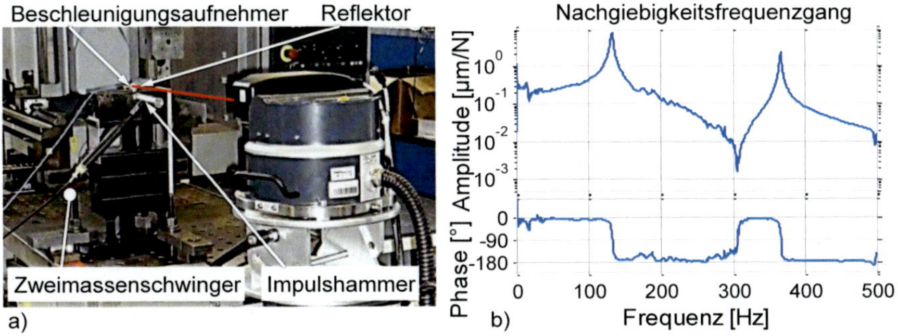

Bild 4.11: Zweimassenschwinger: Versuchsaufbau und Nachgiebigkeitsfrequenzgang

Two mass oscillator: test set up and dynamic compliance

Bild 4.12 zeigt das Ausschwingverhalten des Zweimassenschwigers nach einem Hammerimpuls. Die Verlagerung des Zweimassenschwingers ist in den oberen Bildteilen dargestellt. Die zugehörige Objektgeschwindigkeit im unteren Bildteil ist als Strahllängenänderungsrate in Wellenlängen pro Abtastzeit jeweils unter dem Verlagerungsgraphen aufgetragen.

Als *V-Demodulation* wird das in dieser Arbeit für die interferometrische Messung entwickelte Verfahren der *Geschwindigkeits-Demodulation* bezeichnet, welches im Folgenden beschrieben wird. Bei geringen Objektgeschwindigkeiten, Bild 4.12b, ist die grobe Auflösung der 4-Flankenzählung deutlich zu erkennen, während die beiden anderen Verfahren einen identischen stetigen Verlagerungs-Verlauf ohne sichtbare Quantisierungssprünge aufweisen (Graph der Kreisinterpolation ist vom Graph der

V-Demodulation exakt verdeckt). Im Geschwindigkeitsverlauf sind die Quantisierungssprünge als einzelne Geschwindigkeitspunkte bei ± 0,25·λ/T$_s$ zu erkennen.

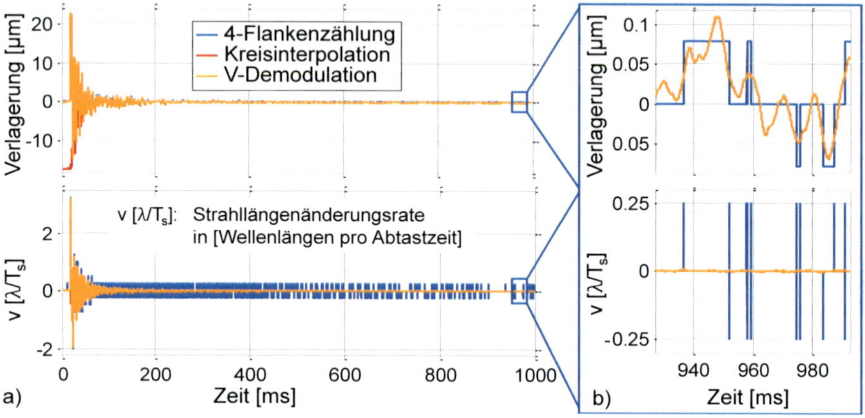

Bild 4.12: Zweimassenschwinger: Impulsantwortmessung

Two mass oscillator: tip response measurement

Im Bereich hoher Objektgeschwindigkeiten ist die mit der Kreisinterpolation ermittelte Verlagerung deutlich unterschiedlich von den Kurven der beiden anderen Verfahren, weil die Strahllängenänderungsrate ± 0,5·λ/T$_s$ deutlich überschreitet. Im Bild 4.13 ist der Anfang der Ausschwingantwort gezeigt. Anhand der Bildteile b und c wird das Verfahren der *Geschwindigkeits-Demodulation* vorgestellt.

An mehreren Stellen überschreitet die Strahllängenänderungsrate ± 0,5·λ/T$_S$. An dieser Stelle ergibt sich bei der Kreisinterpolation ein Geschwindigkeitssprung von mehr als 0,5·λ/T$_S$. Dieser Geschwindigkeitssprung wird durch die Demodulation korrigiert, woraus sich der Verlauf der *V-Demodulations*-Kurve in der Darstellung der Strahllängenänderungsrate ergibt. Wird die Strahllängenänderungsrate integriert, ergibt sich die korrekte Verlagerung. Die Demodulation wird nach Gleichung 4.10 berechnet, wobei als Basis nicht mehr π sondern 0,5·λ/T$_S$ verwendet wird. Es ergibt sich:

$$\Delta v_{\text{demoduliert}} = \left((\Delta v_{\text{Kreisinterpolation}} + \lambda/4\mathrm{T}_s) \mod \lambda/2\mathrm{T}_s) \right) - \lambda/4\mathrm{T}_s \tag{4.13}$$

Als Beispiel seien die drei Dargestellten Punkte in Bild 4.13c gegeben, die zu den drei Zeitpunkten n, n+1 und n+2 aufgenommen worden sind. Das Kreisinterpolationsverfahren gibt als Strahllängenänderungsrate stets den kleinsten aller möglichen Winkel zwischen zwei zeitlich aufeinander folgenden Punkten an. Das Verfahren der *Geschwindigkeits-Demodulation* wählt aus allen möglichen Strahllängenänderungsraten diejenige aus, die der geringsten Objektbeschleunigung entspricht. So ergibt sich in der Lissajous-Figur (vgl. Bild 4.10c) zwischen den Zeitpunkten n und n+1 ein Winkelschritt von ca. 175 ° und zwischen den Zeitpunkten n+1 und n+2 ca. -165 ° und nach dem Kreisinterpolationsverfahren und ca. 195 ° nach dem Geschwindigkeitsdemodulationsverfahren. Die höchste gemessene Strahllängenänderungsrate in diesem Beispiel beträgt 3,2 · λ/T_s. Dies entspricht in der Lissajous-Figur 3,2 Umdrehungen zwischen zwei Aufnahmezeitpunkten.

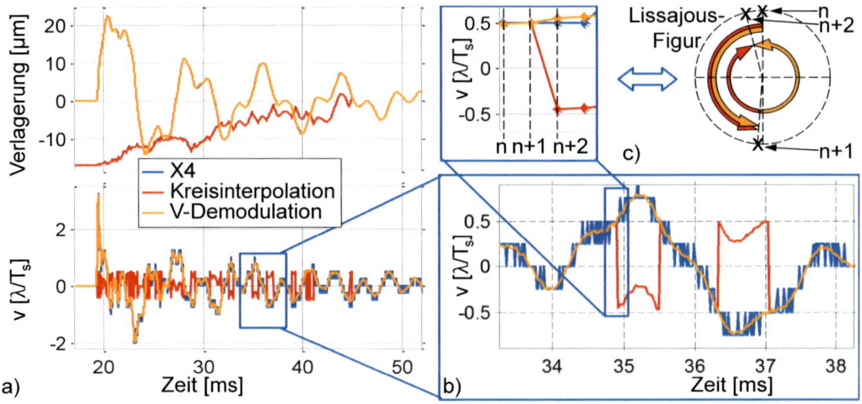

Bild 4.13: Zweimassenschwinger: Impulsantwortmessung, Hochgeschwindigkeitsbereich

Two mass oscillator: tip response measurement, high velocity region

Das Verfahren der *Geschwindigkeits-Demodulation* vereint die Vorteile der sehr hohen messbaren Schwinggeschwindigkeit bei gleichzeitig sehr hoher Positionsauflösung. Dieses Verfahren wird in dieser Arbeit stets angewendet. Die Dynamikgrenze des Verfahrens berechnet sich zu einer Beschleunigung von 0,25·λ/T_s^2. Dies entspricht bei der maximalen Abtastrate der verwendeten Hardwarekonfiguration von 51,2 kHz einer maximalen Beschleunigung von über 400 m/s². Hierbei muss die Beschleunigung innerhalb einer Abtastzeit lang genug sein, dass sich die Geschwindigkeit um mehr als 8 m/s ändert. Insbesondere liegt die Beschleunigung oberhalb der Abhebebeschleunigung der Reflektoren aus der Magnethalterung (vgl. Kapitel 5.1.1) und stellt damit kein Grenzkriterium dar.

$$a_{max,V-Demodulation} = \frac{\lambda}{4 \cdot T_s^2} \tag{4.14}$$

Das Geschwindigkeits-Demodulationsverfahren stellt eine zusätzliche Anforderung an den Analog-Digitalwandler. Dem Wandler darf kein Antialiazing-Filter vorgeschaltet werden. Dies hat den folgenden Grund: Die maximale in Bild 4.12 dargestellte Strahllängenänderungsrate von 3,2 · λ/T_s erzeugt Interferometerrohsignale mit einer Frequenz von entsprechend 3,2/T_s, welche mit einem Antialiazingfilter mit einer Eckfrequenz von 1/2,56 · 1/T_s (vgl. Kapitel 2.1.1) herausgefiltert würden. Das Geschwindigkeits-Demodulationsverfahren funktioniert dann nicht mehr.

Für die Interferometersignale dürfen keine Filter verwendet werden. Für analoge Signale z. B. der PSD und der Kraft sollten jedoch Filter verwendet werden, um das Aliazing zu verhindern. So ergibt sich das Problem der Korrektur des Filtereinflusses. Grundlagen zu diesem Thema sind in Kapitel 2.1.1 *Mathematische Grundlagen* im Themengebiet *Datenerfassung* vorgestellt worden.

Die Vorgehensweise zur Korrektur des Filtereinflusses wird im Folgenden anhand der verwendeten Hardware beschrieben. Die verschiedenen Analog-Digitalwandler (ADC), die in dieser Arbeit verwendet wurden, sind in Bild 4.7 zu sehen. Das ADC-Modul NI 9215 besitzt keine Antialiazing-Filter und wurde für die Aufnahme der Interferometer-Signale verwendet. Das Modul NI 9234 ist ein *sigma-delta*-ADC und besitzt ein integriertes hochfrequentes analoges Antialiazing-Filter und ein automatisch eingestelltes digitales Filter mit linearem Phasenabfall bzw. gleicher Gruppenlaufzeit (vgl. Kapitel 2.1.1). Darüberhinaus besitzt das NI 9234 eine höhere Auflösung und ist für Beschleunigungsaufnehmer und Impulshämmer besser geeignet*.

Bild 4.14 zeigt den Unterschied im Verhalten der beiden Module. Zur Erstellung der dargestellten Graphen wurde mit beiden Modulen das gleiche Interferometerrohsignal aufgenommen. Die gebildete Übertragungsfunktion bezieht sich auf das filterlose NI 9215-Modul als Eingang und das NI 9234-Modul als Ausgang. Das Verhalten der Module ist deswegen so gut über einen breiten Frequenzbereich messbar, weil das Rohsignal ein breites Frequenzspektrum aufweist. Hierzu visiert das TI einen Reflektor an dem Zweimassenschwinger an. Der Zweimassenschwinger wird zu Vibrationen angeregt, die Reflektorgeschwindigkeit ändert sich laufend und die Frequenz des Interferometerrohsignals schwankt. Das Signal wird mit unterschiedlichen Abtastfrequenzen aufgenommen. Die Übertragungsfunktionen sind aus fünf Mittellungen bei einer Messzeit von einer Sekunde berechnet worden.

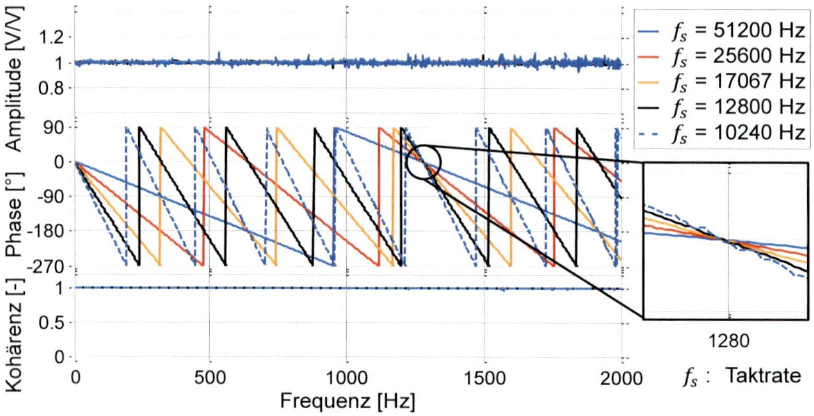

Bild 4.14: Messung der Kanalsynchronität zweier verschiedenen Analog-Digitalwandler

Measurement of channel synchronism of two different analog-digital converters

* NI 9215 besitzt eine Auflösung von 16 Bit, bzw. 0,305 mV bei zulässiger Eingangsspannung von ± 10 V. NI 9234 besitzt eine Auflösung von 24 Bit, bzw. 0,0006 mV bei einer zulässigen Eingangsspannung von ± 5 V.
Das sogenannte *ranging*, das ist die Möglichkeit die Bit-Zahl auf einen kleineren Spannungsbereich zu verteilen, ist in der genutzten Software MatLab R2012b im Zusammenspiel mit NI-DAQmx-Treiberversion 9.3.5f2 nicht möglich.
NI 9234 besitzt eine integrierte Spannungsversorgung von IEPE-Sensoren (Integral Electronics Piezoelectric), die in den meisten Beschleunigungsaufnehmern und Kraftsensoren von Impulshämmern verbaut werden.

Der Proportionalitätsfaktor zwischen den Aufnahmen ist erwartungsgemäß eins, allerdings zeigt die Phase ein deutliches lineares Verhalten eines digitalen Filters gleicher Gruppenlaufzeit. Bei 1280 Hz ergibt sich ein Punkt, bei dem alle Aufnahmen Phasenversätze von $n \cdot 360\,°$ aufweisen. Der Faktor n entspricht der Reihenfolge der Graphen nach: 1, 2, 3, 4, 5. Mit der Formel 4.15 berechnet sich der durch das automatisch eingestellte digitale Filter bedingte Zeitversatz für alle Abtastfrequenzen zu 40 Datenpunkten unabhängig von der Abtastrate selbst.

$$\text{Datenpunkte} = \frac{n \cdot f_s}{1280\,Hz} \tag{4.15}$$

Dies ist mit Einstellung des integrierten, mit der Abtastrate automatisch angepassten digitalen Antialiazing-Filter des ADC zu erklären. Es existieren zwei Korrekturmöglichkeiten: die entsprechenden Signale werden im Zeitbereich um 40 Datenpunkte verschoben, oder der Phasengang wird mit der Gleichung 4.16 korrigiert (vgl. Kapitel 2.1.1). In der erstellten Software (vgl. Kapitel 4.3) wurde die Zeitbereichsverarbeitung realisiert.

$$\Delta\varphi = \frac{\text{Datenpunkte}}{f_s} \cdot 360\,° \cdot f \tag{4.16}$$

Bild 4.15 zeigt eine Impulsantwort-Messung an dem Zweimassenschwinger. Die dargestellte Messung erfolgte in Strahlrichtung. Die Kraft wurde mit einem NI 9234-Modul und die Interferometersignale mit NI 9215 aufgenommen. Da die Aufnahme der Kraft nacheilt, ist der Phasenversatz ohne Korrektur positiv. Die geringen Unterschiede in der Amplitude und Kohärenz beruhen lediglich darauf, dass es sich bei den ersten beiden Graphen um verschiedene Messungen handelt. Beim dritten Graph handelt es sich um eine Rechnung auf Grundlagen der ersten Messung.

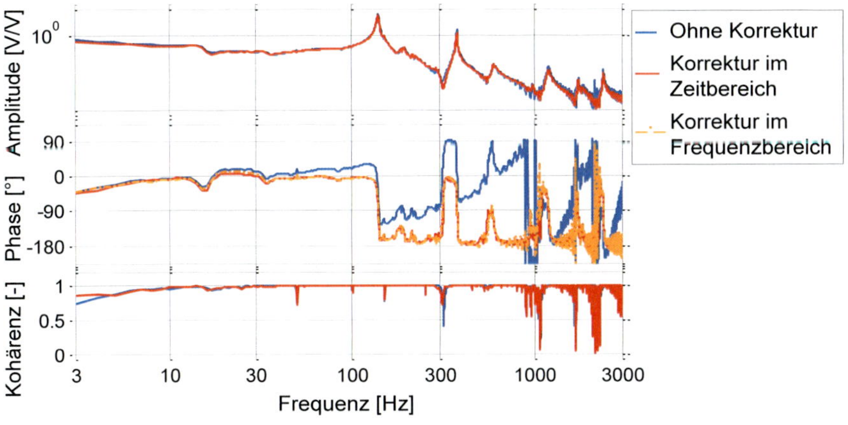

Bild 4.15: Impulsantwortmessung an einem Zweimassenschwinger

Tip response measurement of a two mass oscillator

4.2.3 Koordinatentransformation der Schwingungsdaten

Coordinate transformation of vibration data

Entsprechend Bild 4.16 werden für die Modalanalyse mit dem TI im Einstrahlverfahren das Koordinatensystem „gl“ und mehrere Koordinatensysteme „base“ und „bhv“ definiert.

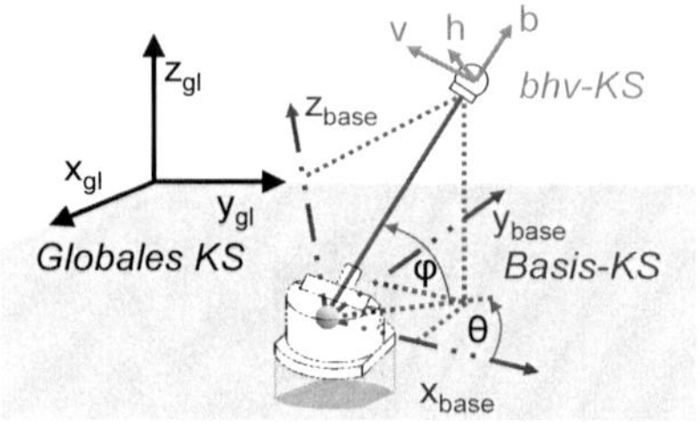

Bild 4.16: Definitionen der Koordinatensysteme für die Modalanalyse im Einstrahlverfahren

Coordinate systems for modal analysis using the single beam measurement technique

Das globale Koordinatensystem mit dem Index „gl“ sei das gemeinsame Koordinatensystem, in dem die Geometrie und die abschließenden Schwingungsbilder dargestellt werden. Die Basiskoordinatensysteme mit dem Index „base“ seien die Basiskoordinatensysteme des TI in jeder Messposition mit dem Ursprung im Zentrum der Präzisionskugel. In der Nullstellung der Rotationsachsen des TI zeigt der Laserstrahl in X-Richtung, die Zenitachse entspricht der Y-Achse, die Azimutachse der Z-Achse, wie im Bild 4.16 dargestellt. Schließlich sei für jeden Messpunkt ein Strahlkoordinatensystem $[\mathrm{b,h,v}]^{\mathrm{T}}$ (für *beam, horizontal, vertical*) definiert. Das Strahlkoordinatensystem ist für jede Kombination aus Reflektor und Messposition unterschiedlich.

Für die Erfassung der Position eines Reflektors im Basiskoordinatensystem gilt Gleichung (4.17) (vgl. auch Gleichung (2.22)) mit r als Abstand des Reflektors vom Rotationszentrum des TI.

$$\begin{bmatrix} x \\ y \\ z \end{bmatrix}_{base} = \bar{\bar{R}}(0, -\theta, \varphi) \cdot \begin{bmatrix} \mathrm{r} \\ 0 \\ 0 \end{bmatrix} \tag{4.17}$$

Für die Koordinatentransformation der Schwingungsdaten gilt in Anlehnung an Gleichungen (2.20), (2.21), (2.22):

$$\begin{bmatrix} x \\ y \\ z \end{bmatrix}_{base} = \bar{\bar{R}}(\tau, -\theta, \varphi) \cdot \begin{bmatrix} \mathrm{b} \\ \mathrm{h} \\ \mathrm{v} \end{bmatrix} \tag{4.18}$$

Hierbei ist τ der Verdrehwinkel der positionssensitiven Diode um die Strahlachse, der sich beim Einbau der Diode ergibt und durch die Kalibriermessung zu 0 ° ermittelt worden ist, Bild 4.9. Die Winkel θ, φ sind die Stellungen der TI-Achsen und werden durch die internen Winkelgeber erfasst. Da bei der Schwingungsmessung nur relative Verlagerungen aus einer Ruhelage betrachtet werden, entfällt in der Koordinatentransformation für dynamische Daten die Betrachtung der Nullpunktverschiebung.

Bei der Schwingungsmessung fallen innerhalb kürzester Zeit große Datenmengen an. Die Verarbeitung und insbesondere die Koordinatentransformation dieser Dynamikdaten darf, auch wenn sie während des automatischen Messlaufs stattfindet, den Programmverlauf nicht merklich verlangsamen. Für die Modalanalyse gibt es grundsätzlich drei Arten der Daten, an denen die Koordinatentransformation durchgeführt werden kann, die Vorgehensweise ist in Bild 4.17 für folgende Daten aufgezeigt:

I Koordinatentransformation der Zeitsignale

II Koordinatentransformation der Nachgiebigkeitsfrequenzgänge

III Koordinatentransformation der Eigenvektoren

In dieser Arbeit wurde die Möglichkeit II als die sinnvollste angesehen, weil diese Transformation weniger Rechenzeit als die Koordinatentransformation der Zeitsignale benötigt und weniger zu speichernde Einträge als die Koordinatentransformation der Eigenvektoren erzeugt.

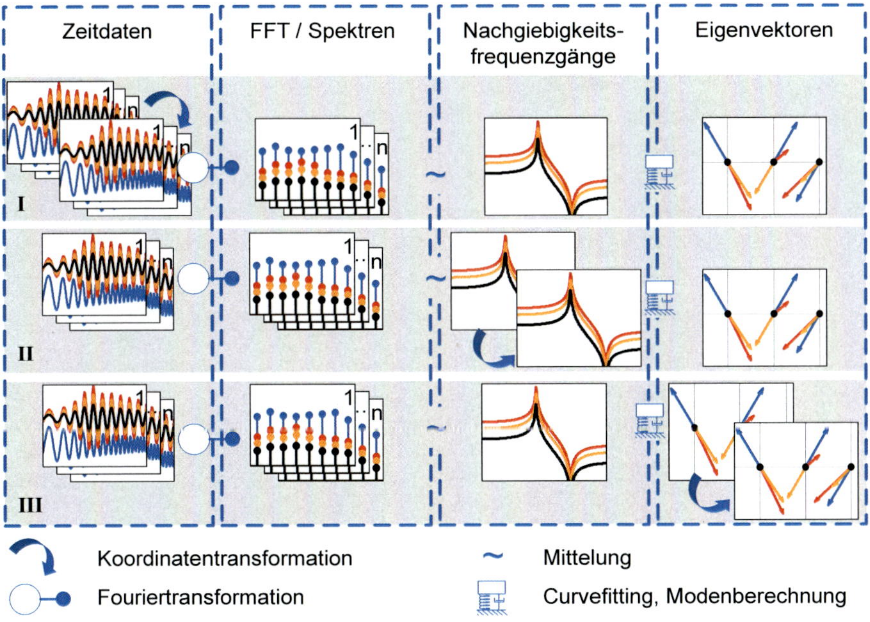

Bild 4.17: Koordinatentransformation der Schwingungsdaten
Coordinate transformation for vibration data

Die Rechenzeitreduktion hat zweierlei Gründe:

1. Die Koordiantentransformation findet nach der Mittelung statt, so dass die zu transformierende Datenmenge geringer ist.

2. Insbesondere bei Anregungen mit dem Hammer werden die Messungen im Zeitbereich übertastet. Das bedeutet, dass die Abtastrate nicht um den Faktor 2.56 über der maximalen auszuwertenden Frequenz liegt sondern typischerweise bei 8. Nach der Fouriertransformation kann das Signal jedoch zugeschnitten und die Datenmenge reduziert werden.

Mit p als Anzahl der Aufnahmeintervalle zur Mittelung erfordert die Koordinatentransformation im Frequenzbereich bei typischen Messungen an Werkzeugmaschinen etwa p bis $2 \cdot p$ weniger Operationen als die Koordinatentransformation der Zeitdaten [BREC12]. Darüberhinaus kann bei der Koordinatentransformation der Zeitdaten keine Frequenzbereich-Korrektur des Filtereinflusses sondern nur Zeitbereich-Korrektur angewendet werden.

Die höhere Speichermenge bei der Koordinatentransformation der Eigenvektoren ist wie folgt begründet: Für die Transformation der Eigenvektoren muss das Koordinatensystem jeder Messung zusätzlich gespeichert werden. Bei der Berechnung bzw. Visualisierung der Eigenformen müssen diese Koordinatensysteme wiederum ausgelesen und auf die Eigenvektoren angewendet werden.

Exkurs: Interpretation der Mittelungsverfahren als gewichteter Mittelwert

Im Kapitel 2.1.1 wurden verschiedene Mittelungsverfahren zur Berechnung der Übertragungsfunktion vorgestellt. An dieser Stelle wird zunächst anhand des ausgangsgestörten Fehlermodells nach Gleichung 2.2 eine in dieser Arbeit erarbeitete alternative Interpretation der Mittelungsverfahren als unterschiedliche Gewichtungen bei der Bildung von gewichteten Mittelwerten vorgeschlagen. Diese Interpretation bietet eine sehr anschauliche Grundlage zur Beurteilung der Implikationen verschiedener Verfahren und zum Verständnis der Kohärenz.

Zunächst seien die Mittelungsverfahren H_0 und H_1 gegeben durch:

$$H_0(j\omega) = \frac{S_X(j\omega)}{S_F(j\omega)} \qquad H_1(j\omega) = \frac{\overline{S_{XF}}(j\omega)}{\overline{S_{FF}}(j\omega)} \qquad \text{vgl. Gleichungen 2.1, 2.2}$$

Für einen gewichteten Mittelwert gilt allgemein:

$$\overline{H} = \sum_{k=1}^{N} \alpha_k H_k, \qquad 0 \leq \alpha_k \leq 1, \qquad \sum_{k=1}^{N} \alpha_k = 1 \tag{4.19}$$

Bezogen auf die Berechnung der Übertragungsfunktion lassen sich Umformungen gemäß Formel 4.20 durchführen: das Ausklammern des Nenners und die komplex-konjugierte Erweiterung mit der Fouriertransformierten des Eingangssignals. Mit Formel 4.21 entspricht das H_1-Verfahren dem eingangssignalgewichteten Mittelwert. Die Anforderungen an die Gewichtungsfaktoren in Gleichung 4.19 sind in der Gleichung 4.21 offensichtlich erfüllt.

$$H_1 = \frac{\frac{1}{N}\sum_{k=1}^{N} S_X^k S_F^{*k}}{\frac{1}{N}\sum_{k=1}^{N} S_F^k S_F^{*k}} = \sum_{k=1}^{N}\left(\frac{S_X^k}{S_F^k}\cdot S_F^k \cdot S_F^{*k}\cdot\frac{1}{\sum_{k=1}^{N}\left|S_F^k\right|^2}\right) \Leftrightarrow$$

$$H_1 = \sum_{k=1}^{N} H_{0,k}\cdot\frac{\left|S_F^k\right|^2}{\sum_{k=1}^{N}\left|S_F^k\right|^2} \tag{4.20}$$

$$\frac{\left|S_F^k\right|^2}{\sum_{k=1}^{N}\left|S_F^k\right|^2} = \alpha_\kappa \tag{4.21}$$

Gleichung 4.20 besagt Folgendes: Die in der Periode k ermittelte Übertragungsfunktion $H_{0,k}$ wird bei der Mittelwertbildung mit den anderen Perioden gemäß des Autoleistungsspektrums des Eingangssignals dieser Periode gewichtet. Diese Gewichtung wird für jeden Frequenzpunkt einzeln durchgeführt. Bei unterschiedlicher Frequenzzusammensetzung der Anregung in den verschiedenen Perioden, werden die Messwerte entsprechend günstig gewichtet. Diese Gewichtung ist „günstig", da davon auszugehen ist, dass die berechnete Übertragungsfunktion bei höherem Anregungsspektrum zuverlässiger ist. Eine ähnliche Herleitung ist für die anderen Mittelungsverfahren etwas schwieriger, jedoch bleibt die Aussage grundsätzlich gleich. Das Signal mit den vermuteten geringsten Störanteilen wird als Grundlage der Gewichtung genutzt.

Koordinatentransformation der Kohärenz

Die Kohärenz ist das wichtigste Gütemaß für die Ermittlung von Nachgiebigkeitsfrequenzgängen (vgl. Kapitel 2.1.1). Ungeachtet verschiedener Diskussionen über abzuspeichernde Daten, die aufgrund des stetigen Fortschritts der Rechen- und Speichergeschwindigkeit und –kapazität moderner Computer immer wieder entfachen*, werden auch heute noch bei der Durchführung von Modalanalysen meistens nur Übertragungsfunktionen gespeichert. Da die Kohärenz bei der Ermittlung der Moden keine Rolle spielt, wird sie in den meisten Fällen nicht gespeichert. Die Kohärenz muss nichtsdestotrotz berechnet und angezeigt werden, da sie häufig vom Benutzer qualitativ kontrolliert wird und die Entscheidung über eine möglicherweise notwendige Wiederholung einer Messung nach sich zieht.

* Die Speicherung der Zeitdaten ist die flexibelste und vielseitigste Variante. Auf Zeitdaten lassen sich im Nachgang der Messungen unter Anderem unterschiedliche Mittelungsverfahren anwenden, es lassen sich ggf. Nichtlinearitäten bestimmen, Leistungsspektra können im Nachgang berechnet werden. Diese Möglichkeiten gibt es bei abgespeicherten Übertragungsfunktionen im Nachhinein nicht mehr. Da die erforderlichen Messtaktraten und Messdauer nicht zwangsläufig steigen, die Rechenkapazität und Kapazität der Arbeitsspeicher der Computer dagegen sehr stark, schwinden die Nachteile der Zeitdaten-Speicherung und –Verarbeitung. Die meisten heutigen Software speichern jedoch weiterhin standardmäßig Übertragungsfunktionen. Die meisten Nutzer stellen in der Software auch heute explizit die Speicherung von (nur) Übertragungsfunktionen ggf. der Kohärenz ein.

Wie im Kapitel 2.1.1 erläutert, kann die Kohärenz unter Anderem als das Verhältnis zwischen den Mittellungsverfahren H_1 und H_2 berechnet werden.

$$|H_1(j\omega)| \leq |H_{\text{wahr}}(j\omega)| \leq |H_2(j\omega)| \qquad \frac{H_1(j\omega)}{H_2(j\omega)} = \gamma^2(j\omega)$$

$$0 < \gamma^2 \leq 1 \qquad \varphi(H_1) = \varphi(H_2)$$

vgl. Gleichung 2.8

Da die Kohärenz vom Benutzer qualitativ überprüft wird, kann die Notwendigkeit entstehen, auch die Kohärenz in globalen Koordinaten anzuzeigen oder ggf. für die spätere Anzeige zu speichern, da der Benutzer nach der aufgezeigten Messstrategie typischerweise den Mittelungsprozess nicht beobachtet. Findet die Koordinatentransformation im Zeitbereich statt, werden Spektren, Frequenzgänge und die Kohärenzen bereits in den neuen Koordinaten berechnet, was, wie eben gezeigt wurde, jedoch relativ viele Rechenoperationen benötigt. Günstiger im Rechen- und Speicherbedarf ist dagegen die Berechnung der koordinatentransformierten Kohärenz aus den Kohärenzen und Frequenzgängen vor der Koordinatentransformation.

Die Linearität der Fourier- und der Koordinatentransformation erlaubt die Permutation dieser beiden Operationen.

$$\begin{aligned} X_b(j\omega) &= \int_{-\infty}^{\infty} x_b(t) \cdot e^{-j\omega t} dt = \int_{-\infty}^{\infty} \bar{\bar{R}} \cdot x_a(t) \cdot e^{-j\omega t} dt \\ &= \bar{\bar{R}} \cdot \int_{-\infty}^{\infty} x_a(t) \cdot e^{-j\omega t} dt = \bar{\bar{R}} \cdot X_a(j\omega) \qquad \bar{\bar{R}} = \begin{bmatrix} r_{11} & r_{12} & r_{13} \\ r_{21} & r_{22} & r_{23} \\ r_{31} & r_{32} & r_{33} \end{bmatrix} \end{aligned} \tag{4.22}$$

Frequenzgänge sind strenggenommen nicht linear bezüglich der Ausgangssignale. Es kann jedoch gezeigt werden, dass sie trotzdem durch Multiplikation mit der Rotationsmatrix transformiert werden dürfen. Zu der mathematisch, relativ aufwendige Erklärung in [EWIN00, MAIA98] wird im Folgenden eine intuitive Interpretation aufgezeigt: Die drei Übertragungsfunktionen im Ursprungskoordinatensystem beziehen sich auf einen gemeinsamen Kraftverlauf. Nach der H_0-Technik sind die Übertragungsfunktionen linear bezüglich der Verlagerungen. Der Nenner des H_0-Bruches lässt sich damit ausklammern und es gilt die Linearitätsbedingung der Formel 4.22.

$$\begin{aligned} H_{0,x} &= \frac{S_X}{S_F} = \frac{r_{11} \cdot S_b + r_{12} \cdot S_h + r_{13} \cdot S_v}{S_F} = r_{11} \cdot \frac{S_b}{S_F} + r_{12} \cdot \frac{S_h}{S_F} + r_{13} \cdot \frac{S_v}{S_F} \\ \Rightarrow H_{0,gl} &= \frac{S_{XYZ}}{S_F} = \frac{\bar{\bar{R}} \cdot S_{bhv}}{S_F} = \bar{\bar{R}} \cdot \frac{S_{bhv}}{S_F} = \bar{\bar{R}} \cdot H_{0,bhv} \qquad \bar{\bar{R}} = \begin{bmatrix} r_{11} & r_{12} & r_{13} \\ r_{21} & r_{22} & r_{23} \\ r_{31} & r_{32} & r_{33} \end{bmatrix} \end{aligned} \tag{4.23}$$

Die verschiedenen Mittelungsverfahren H_1, H_2, H_v, H_c usw. lassen sich als reell gewichtete Mittelwerte interpretieren (vgl. *Exkurs: Interpretation der Mittelungsverfahren als gewichteter Mittelwert*, Gleichung 4.20), das heißt, als eine Linearkombination der in den einzelnen Perioden ermittelten H_0-Brüche. Die Linearkombination verletzt aber nicht die Linearitätsbedingung, es gilt wiederum die Gleichung 4.23.

Infolge der Division kann bei der Berechnung der Kohärenz die Linearitätsbedingung nicht eingehalten werden. Die korrekte Berechnung der Kohärenz erfordert die Koordinatentransformation im Zeitbereich oder im Frequenzbereich vor der Mittelung und führt damit zu einem erhöhten rechentechnischen Aufwand. Die hier vorgeschlagene Näherungsrechnung für die Kohärenz als gewichtete Mittelwertbildung erfordert dagegen einen relativ geringen rechentechnischen Aufwand. Gleichung 4.25 drückt die folgende Beziehung aus: Im Zähler wird die Kohärenz (in jeder Richtung und für jeden Frequenzpunkt) mit dem Betrag der Übertragungsfunktion und der Rotationsmatrix gewichtet. Diese Gewichtung entspricht der Gewichtung der Übertragungsfunktionen in der Koordinatentransformation. Der Nenner dagegen enthält lediglich die entsprechende Normierung der Gewichtungsfaktoren.

$$H_{gl}(j\omega) = \bar{\bar{R}} \cdot H_{bhv}(j\omega) \tag{4.24}$$

$$\gamma'^{2}_{gl}(j\omega) = \frac{\left|\bar{\bar{R}}\right| \cdot \left({\gamma^{2}}_{bhv}(j\omega) \cdot \left|H_{bhv}(j\omega)\right|\right)}{\left|\bar{\bar{R}}\right| \cdot \left|H_{bhv}(j\omega)\right|} \tag{4.25}$$

Bild 4.18 stellt die Veränderung des Nachgiebigkeitsfrequenzganges und der Kohärenz nach mehrmaliger Hin- und Rücktransformation dar. Leichte Veränderungen der Amplitude und der Phase sind numerischen Abweichungen zuzuschreiben. Die Veränderungen der Kohärenz liegen an der nicht exakten Umkehrbarkeit der Gleichung 4.25. Für eine Koordinatentransformation sind die Abweichungen jedoch vertretbar klein. Die Angabe von Konstellationen, bei denen die Näherung der Kohärenz nach Gleichung 4.25 größere Abweichungen verursacht und gegebenenfalls die Herleitung genauerer, umkehrbarer oder exakter Lösungen sollten als Ziele in nachfolgenden Arbeiten verfolgt werden. Bei bisherigen Messungen ließen sich keine großen Unterschiede zwischen mit exakt und näherungsweise berechneter Kohärenz feststellen. Der hier diskutierte Zweck als qualitatives Gütemaß wird von der vorgestellten Näherung erfüllt.

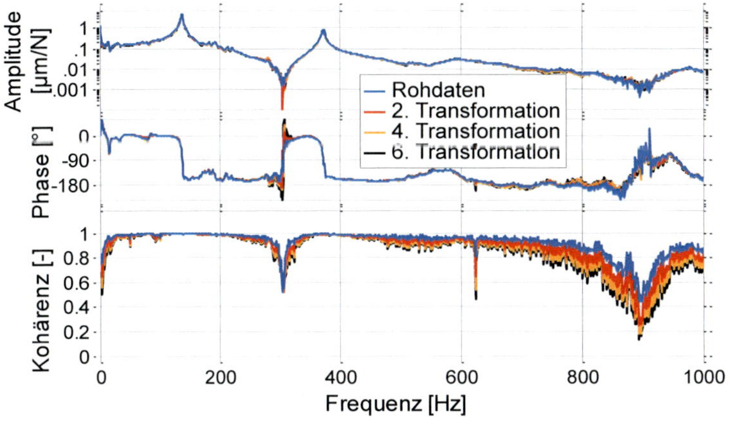

Bild 4.18: Veränderung der Kohärenzfunktion nach mehrmaliger Hin- und Rücktransformation mit der Näherungsformel 4.25

Evolution of coherency shape after repeated there and back transformation using the approximation in equation 4.25

4.3 Ableitung des Softwareaufbaus, Implementierung

Deduction of the hardware design, implementation

Im folgenden Kapitel werden am Beispiel der in dieser Arbeit entwickelten Software, Softwarebestandteile, die speziell für das Einstrahlverfahren notwendig sind, sowie ihre Integration in Gesamtsoftwarepakete für Modalanalysen vorgestellt. Die vorgestellten Software-Bestandteile dienen dem Gesamtziel der Reduktion des Zeitbedarfs und der Fehleranfälligkeit der Modalanalyse im Einstrahlverfahren.

4.3.1 Gesamtaufbau

Overall structure

Bild 4.19 stellt den Aufbau der Software in Entsprechung zu Messtätigkeiten dar. In der Benutzeroberfläche *DAQ-Einstellungen* werden Hardwareeinstellungen und Einstellungen der Messung durchgeführt. Hierzu gehört die DAQ-Kanalauswahl, Empfindlichkeitseinstellungen der Sensoren (bzw. Wellenlänge beim Interferometer), Einstellungen der Abtastraten, Messdauer usw. Die Oberfläche *Zeit-Signale* zeigt aufgenommene Sensorsignale im Zeitbereich an. Diese Oberfläche kann zur Prüfung der Hardware quasi als Oszilloskop verwendet werden.

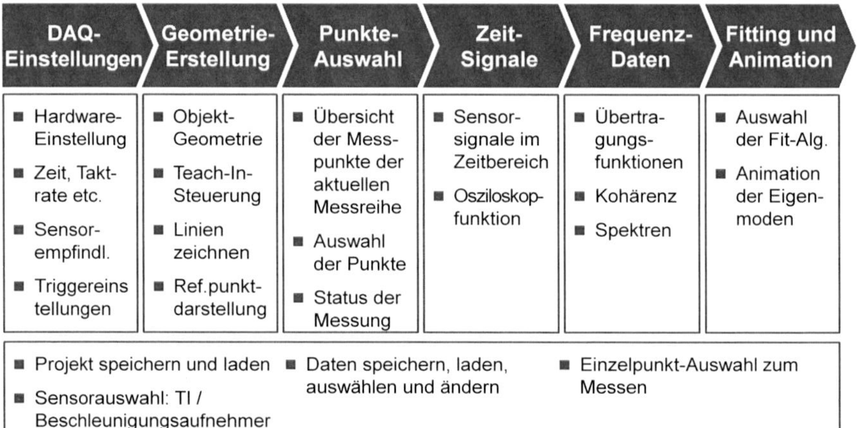

Bild 4.19: Programmfunktionen in der Software in Entsprechung zu Messtätigkeiten

Soft-ware functions corresponding to measurement steps

In der *Frequenz-Daten*-Benutzeroberfläche werden Übertragungsfunktionen, Kohärenzen, Spektren dargestellt. Die Oberfläche der *Geometrieerstellung* wird separat im Kapitel 4.3.2 betrachtet, weil sie spezielle Funktionalitäten für das Einstrahlverfahren enthält. In der Oberfläche *Punkte-Auswahl* wird ebenfalls spezielle für das Einstrahlverfahren während der automatischen Dynamikmessung der Status einzelner Punkte angezeigt. Dieser wird benötigt, weil der Bediener die automatisierte Messung beim Einstrahlverfahren nicht beobachtet bzw. nicht beobachten muss. Zuletzt enthält die Software die Modenberechnung und –animation. Diese wird in der Benutzeroberfläche *Fitting und Animation* bedient. Allgemeine Bedienfelder sind aus allen Benutzeroberflächen erreichbar.

Bild 4.20 stellt die Benutzeroberfläche *DAQ-Einstellungen* beispielhaft dar. Die oberste Tastenreihe unter der Symbolleiste steuert das rechte Bildfeld und stimmt weitestgehend den Überschriften in Bild 4.19 überein. Die Oberfläche *Ref.-Points* zeigt Daten der Referenzpunkte an. Das schmalere linke Bildfeld besitzt nur die beiden Benutzeroberflächen der *Messung* (aktuell an; Sensorauswahl, Einzelpunktmessung) und der *Datenhandhabung* (allgemeine Funktionen).

Die wichtigsten Erweiterungen der hier entwickelten Software im Vergleich zu handelsüblichen Paketen beziehen sich speziell auf das Einstrahlverfahren und sind im Folgenden beschrieben.

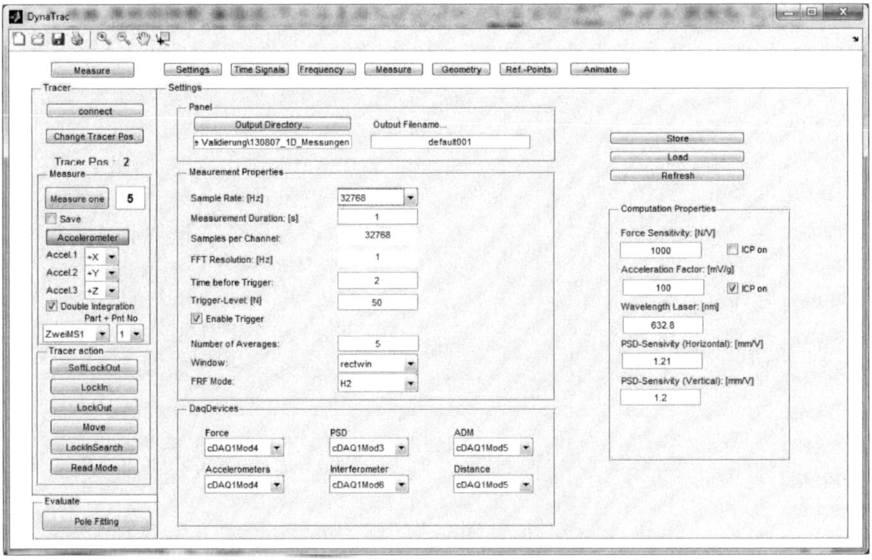

Bild 4.20: Benutzeroberfläche der Software, DAQ-Einstellungen

Graphical user interface of the soft-ware, DAQ-set up

Die Software bietet zunächst die Auswahlmöglichkeiten der Messgeräte zwischen Beschleunigungsaufnehmern und dem TI. Bei einer Dynamikmessung mit dem TI erfolgt ein automatisches Anpeilen des Reflektors. Reflektoren, die im *Teach-In* nicht eingelernt worden sind, können entsprechend nicht vermessen werden. Am Ende jeder Dynamikmessung erfolgt die Koordinatentransformation im Frequenzbereich und es werden transformierte Daten gespeichert (vgl. Kapitel 4.2.3). Im Bereich *Punkte-Auswahl* werden Strukturpunkte in einer Tabelle dargestellt, die im *Teach-In*-Vorgang aus der aktuellen Messposition hinzugefügt worden sind. Per Tastendruck lassen sich alle oder ausgewählte Punkte dieser Tabelle automatisch vermessen. Zum Ende einer automatischen Messreihen werden gemessene Punkte, nicht gemessene Punkte und Punkte mit Fehlmessungen (z.B. automatisches Anpeilen gestört, Strahlunterbrechung während der Messung) für den Bediener verständlich dargestellt. Diese Oberfläche erstellt somit einen Report für die automatisierte Schwingungsmessung entsprechend der Forderung in Tabelle 4.1.

Im Prinzip der Messmethode begründet wird das Geometriemodell parallel zur Schwingungsmessung aufgebaut, so dass die aktuelle Geometrie einen allgemeinen Überblick über den Stand der Untersuchung ergibt. Bei der Auswahl der Beschleunigungsaufnehmer als Messgerät werden in der *Punkte-Auswahl* ausschließlich Punkte dargestellt, deren Lage manuell eingegeben wurde, dies dient dem Bedienerfehlerabfang. Punkte, die mit dem TI angepeilt wurden, lassen sich auch mit Beschleunigungsaufnehmern über Einzelpunktauswahl vermessen.

Im Bereich der Referenzpunkte wird die Vermessung dieser Punkte gesteuert. Auch hier sind Algorithmen zum Bedienerfehlerabfang implementiert. In der TI-Messposition 1 wird das globale Koordinatensystem (Maschinenkoordinatensystem) eingemessen. Hierzu werden drei Punkte vermessen und das Koordinatensystem nach dem Prinzip Ursprung-Punkt-Punkt definiert, weitere Varianten sind denkbar. Aus jeder Messposition können beliebig viele Referenzpunkte vermessen werden. Nach einer Umstellung des TI müssen mindestens vier bekannte Punkte eingemessen werden, um die neue Pose des Gerätes zu bestimmen. Ein Fehlerabfang-Algorithmus warnt den Bediener vor dem Umstellen des Gerätes, wenn in der ersten Messposition weniger als vier Referenzpunkte vermessen wurden.

Exkurs: Berechnung der Pose

Die Pose des Gerätes wird durch sechs Parameter, drei Lagekoordinaten und drei Ausrichtungswinkel, beschrieben. Bereits aus sechs unabhängigen Messinformationen kann die Pose theoretisch berechnet werden. In der Literatur wird als Beispiel ein Vollpunkt (zwei Winkel- und eine Abstandsmessung) und zwei nicht volle Punkte (z.B. zwei Winkel von einem zweiten und ein Winkel von einem dritten Punkt) angegeben [LUHM10]. Aufgrund der häufigen Singularitäten dieser Berechnungen hat sich jedoch die Vermessung einer größeren Anzahl von Punkten (in diesem Fall vier Vollpunkte) durchgesetzt. Für die Lösung des überbestimmten Gleichungssystems durch die analytische Minimierung der Fehlerquadrate lässt sich ein Residuum angeben. Je nach genauer Ausgestaltung des Minimierungsverfahrens lassen sich auch zwei separate Residuen angeben. Das Positionsresiduum entspricht dem Radius einer Kugel, die alle exakten Lösungen der bestimmten Teile des überstimmten Gesamtgleichungssystems enthält. Das Ausrichteresiduum enthält die Streuung der Winkel.

Sollten in Zukunft zum Beispiel bei speziellen Vorgehensweisen zur Substrukturkopplung oder automatisiertem Simulationsabgleich genauere geometrische Modelle und eine Abschätzung der Modellgenauigkeit benötigt werden, wird eine Berechnung der Messunsicherheit des geometrischen Modells notwendig. Diese Berechnung sollte dann in nachfolgenden Arbeiten aufgenommen werden.

4.3.2 Geometrieerstellung

Geometry modeling

Bild 4.21 zeigt die Benutzeroberfläche zur *Geometrieerstellung*. Zu erkennen ist ein noch unvollständiges geometrisches Modell einer Werkzeugmaschine in Kreuzbettbauweise. Der Tisch und Teile des Fahrständers und der Z-Achse sind bereits eingemessen worden. Im rechten Bereich der Benutzeroberfläche befindet sich die Eingabemaske für die einzelnen Geometriepunkte.

Es gibt die Möglichkeit der manuellen Angabe der Koordinaten und die Möglichkeit des *Teach-In*. Im *Teach-In*-Modus visiert der Nutzer die angebrachten Messreflektoren auf der Maschinenstruktur eines nach dem anderen an. Bei dem Anvisieren wird die geometrische Lage des Reflektors durch Winkelencoder und die ADM erfasst, in das globale Koordinatensystem transformiert und direkt im Programm eingegeben bzw. grafisch dargestellt. Das *Teach-In* wird durch nochmaliges Betätigen der entsprechenden Taste beendet. Die Ergänzung der Punktewolke mit Linien zu einem Gittermodell wird parallel zu der voll automatisierten Schwingungsmessung durchgeführt.

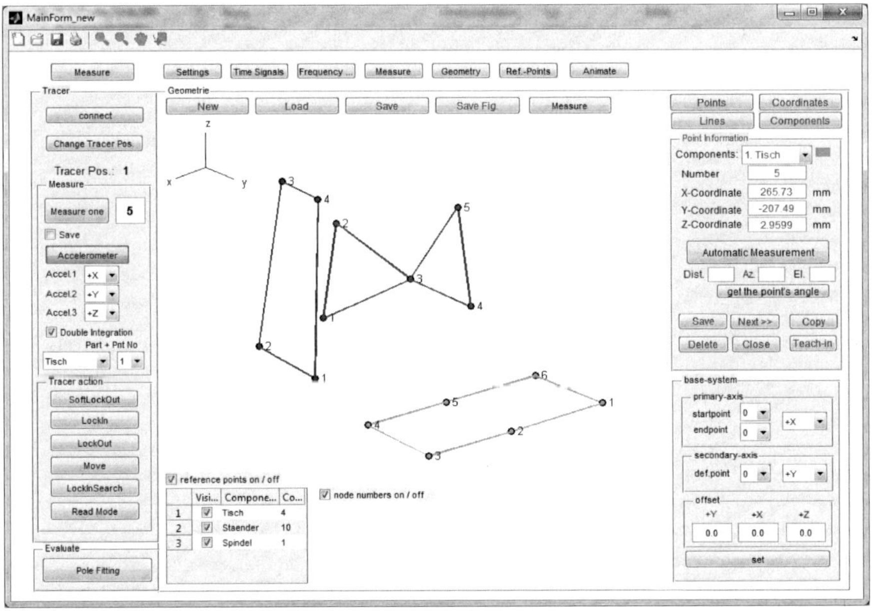

Bild 4.21: Benutzeroberfläche Geometrieerstellung

Graphical user interface for geometry modeling

4.3.3 Datenstruktur

Data structure

Bei Modalanalysen fallen regelmäßig große Datenmengen an. Jeder vermessene Punkt hat hierbei geometrische Koordinaten, gehört zu einer bestimmten Komponente der Werkzeugmaschine und ist auf der Benutzeroberfläche mit Linien mit bestimmten anderen Punkten verbunden und in einer bestimmten Farbe dargestellt. Zum Strukturpunkt gehören drei Übertragungsfunktionen ggf. mit Angabe der Koordinaten. Bei einer Modalanalyse mit TIs im Einstrahlverfahren ist zusätzlich die Position des Messgerätes, aus der der Punkt vermessen worden ist, die Koordinaten der Referenzpunkte und die Messposen (Positionen und Ausrichtungen) des TI interessant. Gegebenenfalls können Einbrüche in der Qualität der Messdaten auf Messungen in ungünstigen Winkellagen im Nachgang der Untersuchungen zurückgeführt werden. Aus diesem Grund ist eine generelle Ausarbeitung der Datenstruktur insbesondere im Hinblick auf das Einstrahlverfahren notwendig.

Alle gängigen Programme für die experimentelle aber auch die simulative Modalanalyse verfügen über Import-/Exportmöglichkeit zu dem sogenannten *Universal File Format (UFF)*. Auch ihre innere Struktur orientiert sich häufig daran. Bild 4.22 stellt die wichtigsten für diese Arbeit relevanten Datentypen des *UFF* zusammen. Das Format wurde ursprünglich von der Structural Dynamics Research Corporation (SDRC) entwickelt, welche heute Teil der Siemens AG ist. Datentypen des *UFF* werden auch heute mit der Software NX weiterentwickelt. 1988 veröffentlichten Allemang und Brown [ALLE88] eine Zusammenstellung ausgewählter Datentypen des *UFF*, die auch heute fast ausschließlich Verwendung finden.

Der große Vorteil des *UFF* ist die gute Austauschbarkeit von Daten zwischen allen gängigen Softwarepaketen. Ein Nachteil des Formats ist die fehlende Speichermöglichkeit für anwendungsspezifische Daten*. Aus diesem Grund ist in dieser Arbeit ein neues Datenformat entwickelt worden, in dem anwendungsspezifische Daten des Einstrahl-Verfahrens gespeichert werden können und das mit dem *UFF* gut kombinierbar ist.

* Diskussionen aus jüngerer Vergangenheit zu den Themen Verständlichkeit des Formats und Lesegeschwindigkeit des ASCII-Format gegenüber Binärformaten sind durch die steigende Rechnerleistung teilweise aufgeklärt

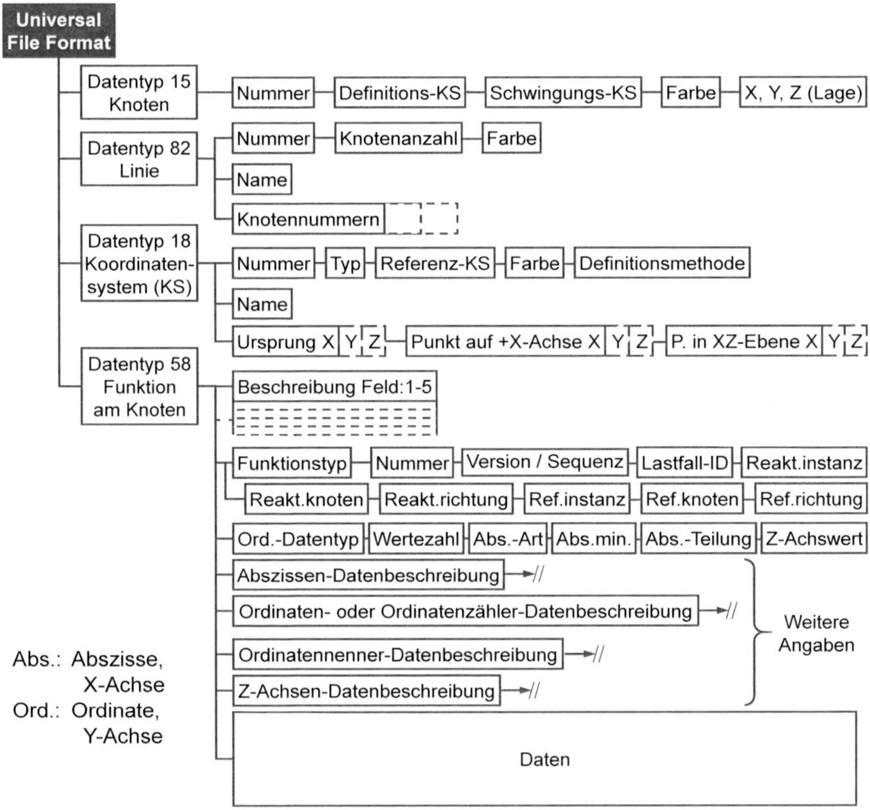

Bild 4.22: Übersicht der für experimentelle Modalanalysen am häufigsten verwendeten Universal Datentypen und dazugehöriger Einträge (in Anlehnung an [ALLE88])

Overview of Universal Datasets most often used for modal testing and data stored in these datasets (according to [ALLE88])

Die Datenhaltung der entwickelten Modalanalysesoftware ist nach Hardwareeinstellungen einerseits und Modalanalyse- und Protokolldaten andererseits getrennt. Hardwareeinstellungen werden in einem binären softwarespezifischen Format gespeichert, dass an dieser Stelle nicht von Interesse ist. Bild 4.23 stellt die Strukturierung der Modalanalyse- und Protokolldaten dar. Über die *UFF*-Definition hinaus für Messungen mit dem TI im Einstrahlverfahren notwendige Datensätze sind rot dargestellt. Sie sind verfahrens- jedoch nicht softwarespezifisch.

Folgendes sind die wichtigsten Ergänzungen und Änderungen in der Softwaredatenhaltung für Geometrie- und Dynamikdaten zum generischen *Universal File Format*:

- Jeder Knoten trägt zusätzlich zur *UFF*-Beschreibung die Nummer der entsprechenden Messposition des TI. Diese ist 0, falls die Dynamikmessung nicht mit dem TI durchgeführt worden ist.

- Knoten tragen eine Statusvariable, die anzeigt, ob die Dynamikmessung durchgeführt ist, einen Messfehler ergab bzw. noch nicht geschehen ist.
- Referenzpunkte werden in einem UFF-*Dataset 16* gespeichert. Das *Dataset 16* entspricht dem *UFF Dataset 15* der Knoten. Da Dataset 16 im *UFF* nicht existiert, wird er beim Import durch andere Software ignoriert.
- Die *Komponente* als unterstes Element impliziert die eindeutige Zuordnung von jedem Knoten und jeder Linie. Im *UFF* zwar nicht vorgesehen, entspricht dies der Datenhaltung der meisten kommerziellen Software.
- Die Farbe ist auf Komponentenebene festgelegt und wird beim Speichern im UFF vererbt.
- Der Name wird auf Komponentenebene festgelegt und beim Speichern im *UFF* vererbt.
- Linien verweisen auf zwei Punkte der selben Komponente. Beim Speichern und Laden im *UFF* wird die Linienbeschreibung übersetzt.

In *UFF Datasets 58* ist typischerweise der mit großem Abstand größte Teil des Datenvolumens einer Modalanalyse-Datei gespeichert. Deswegen existiert das dem *Dataset 58* entsprechende *Dataset 58b*, das einen alphanumerischen Header mit einem binären Datenkern verbindet und dadurch den Speicherbedarf erheblich reduziert.

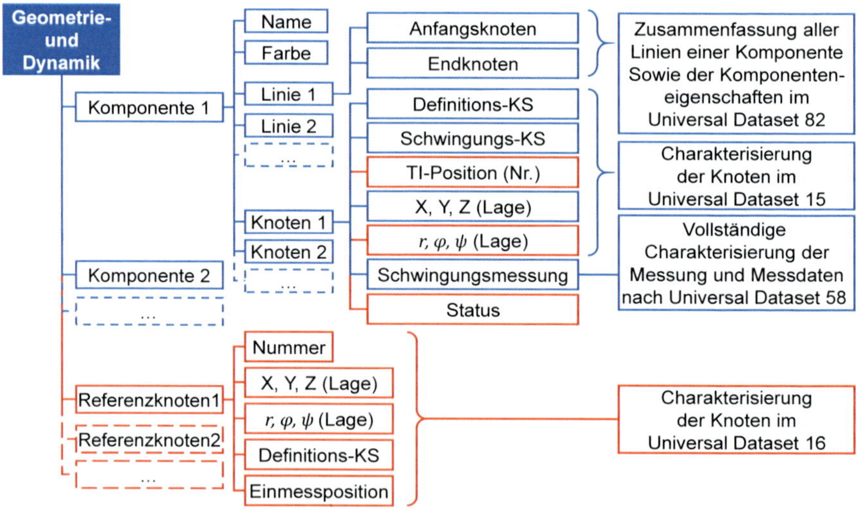

Bild 4.23: Datenstruktur Modalanalyse- und Protokolldaten; anwendungsspezifischen Daten für das Einstrahlverfahren (nicht im *UFF* vorgesehen) rot hervorgehoben

Data structure for modal analysis and protocol data; application-specific data for the single beam measurement (not considered in UFF) highlighted in red

Fazit

In dem vorliegenden Kapitel 4 wurden somit die Voraussetzungen zur Bestätigung der aufgestellten Hypothesen geschaffen. Im Kapitel 4.2 wurde ein TI so weiterentwickelt, dass damit Strukturschwingungen von Werkzeugmaschinen gemessen werden können. Hiermit wurde Hypothese I bestätigt. Im Kapitel 4.1 ist eine Messmethode aufgezeigt und im Kapitel 4.3 detailliert bzw. durch eine Software ergänzt worden, mit der Modalanalysen an Werkzeugmaschinen mit Hilfe des weiterentwickelten TI teilautomatisiert durchgeführt werden können. Damit wurde die Hypothese II bestätigt. Die einzelnen Unterkapiteln beantworten die instrumentalen Forschungsfragen eins bis fünf.

5 Untersuchung der Leistungsfähigkeit

Performance investigation

Die wichtigsten Faktoren zur Bewertung der Leistungsfähigkeit einer experimentellen Modalanalyse sind die Qualität der Ergebnisse und der Zeitbedarf. Diese beiden Kriterien werden in den nachfolgenden Kapiteln auf das Verfahren Modalanalyse im Einstrahlverfahren mit dem modifizierten TI angewendet. Die erreichbare Qualität und der Zeitbedarf hängen nicht nur vom Messgerät und dem Verfahren ab. Spezifische, insbesondere im Einsatz außerhalb des Labors von Fall zu Fall unterschiedliche Faktoren wie Temperatur, bei lichtbasierten Systemen Luftturbulenzen oder der Faktor Mensch, spielen eine große Rolle.

Eine Aufstellung der Einflussfaktoren nach den sogenannten *5M der Fertigungsmesstechnik* nach Pfeifer [PFEI10] wird im Kapitel 5.1 durchgeführt. Hier aufgeführte Faktoren werden in den nachfolgenden Kapiteln soweit möglich einzeln und quantitativ, ansonsten teilweise kumuliert und qualitativ behandelt. Im Kapitel 5.2 findet in drei Fallstudien eine ganzheitliche Bewertung des Verfahrens statt. Die Untersuchung finden an drei Bearbeitungszentren jeweils im Einstrahlverfahren mit dem TI-Demonstrator und im konventionellen Verfahren mit Beschleunigungsaufnehmern und Maßband statt. Das Kapitel schließt mit einer Gesamtbewertung ab.

5.1 Aufstellung und Bewertung der Einflussfaktoren

Compilation and evaluation of influencing factors

Die Modalanalyse im Einstrahlverfahren mit dem TI weist Grenzen der Leistungsfähigkeit im Hinblick auf Qualität und den Zeitbedarf auf. Ursachen für die Grenzen der Leistungsfähigkeit lassen sich nach Pfeifer in die Kategorien der sogenannten *5M der Fertigungsmesstechnik* anordnen [PFEI10]. Die Ordnungskategorien sind hier Mensch, Messobjekt, Messgerät, Methode, Mitwelt. Die wichtigsten Einflussgrößen auf das Messergebnis sind in Bild 5.1 nach den Kategorien geordnet dargestellt. Quantifizierbare Aspekte werden im Folgenden getrennt nach ihrem Einfluss auf die Schwingungsmessung (Kapitel 5.1.1) und auf die Geometrie und Ausrichtung (Kapitel 5.1.2) analysiert. Die Einflüsse nicht quantifizierbarer Faktoren werden soweit wie möglich qualitativ betrachtet (Kapitel 5.1.3).

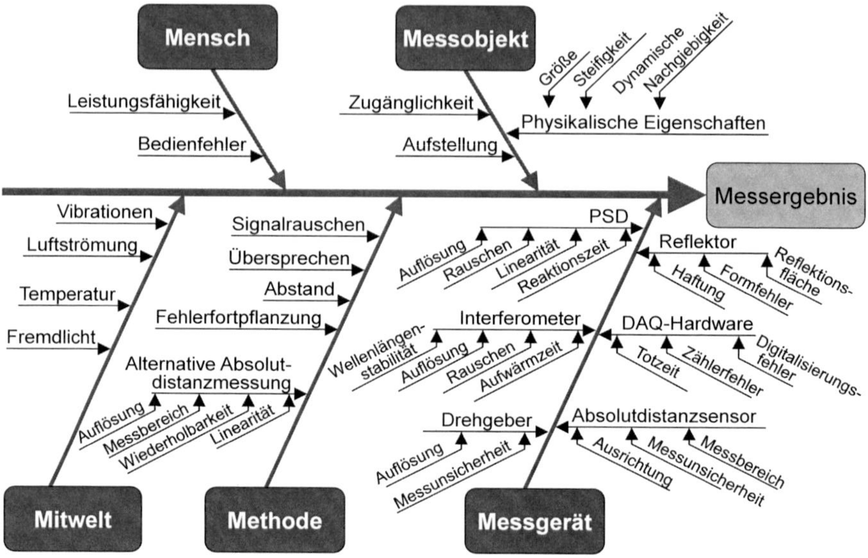

Bild 5.1: Ursache-Wirkungs-Diagramm für die Grenzen der Leistungsfähigkeit der Modalanalyse im Einstrahlverfahren

Cause-effect-diagram for performance limits of modal testing using single beam measurement technique

5.1.1 Einflüsse auf die Schwingungsmessung

Influences on vibration measurement

Benchmark und Bewertung

Bild 5.2 zeigt den Aufbau zur Messung von Nachgiebigkeitsfrequenzgänge der dargestellten Fahrständer-Fräsmaschine mit unterschiedlichen Messgeräten. Es handelt sich um Messungen mit einem uniaxialen Laser-Dopplervibrometer, einem induktiven Wegsensor, einem Beschleunigungsaufnehmer und mit der PSD und dem Interferometer des modifizierten TI. Das TI wurde hierzu an zwei Orten außerhalb der Maschine positioniert, so dass eine Messung in und quer zur Strahlrichtung durchgeführt werden konnte. Das Laser-Dopplervibrometer bzw. der Wegsensor wurden außerhalb der Maschine mit einem Gestänge an einer externen Referenz befestigt, um eine quasiabsolute Messung zu ermöglichen. Am Aufbau ist bereits zu sehen, dass die Eignung dieser Sensoren für die Modalanalyse eingeschränkt ist.

Bild 5.3 zeigt gemessene Nachgiebigkeitsfrequenzgänge der Werkzeugmaschine. Alle Kurven haben einen ähnlichen Verlauf. Die Unterschiede liegen über weite Strecken im Bereich der Wiederholgenauigkeit. Bei sehr niedrigen Frequenzen unter fünf Hertz ist der Kohärenzabfall der Beschleunigungsaufnehmer-Messung klar zu erkennen. Die beiden Messsysteme des TI haben an dieser Stelle eine Kohärenz von eins. Damit ist das TI auch für quasistatische 3D-Messungen geeignet. Im höherfrequenten Bereich zwischen 500 Hz und 900 Hz nimmt der Rauschanteil der Messungen leicht zu. Grundsätzlich sind die Werte jedoch vertrauenswürdig. Vibrometermessungen zeigen in diesem Bereich den höchsten Rauschanteil. Auffällig ist weiterhin, dass die Amplitude der PSD-Messung bei hohen Frequenzen leicht abnimmt.

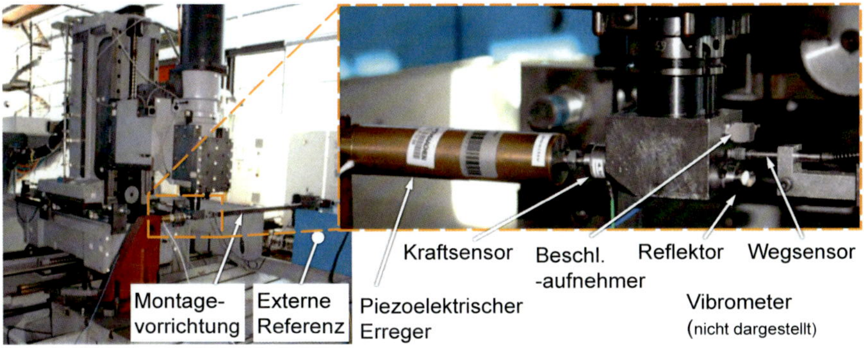

Bild 5.2: Aufbau zur Messung der Nachgiebigkeitsfrequenzgänge einer Fahrständermaschine mit unterschiedlichen Messgeräten

Set-up for dynamic compliance measurements at a moving column machine tool with different measurement devices

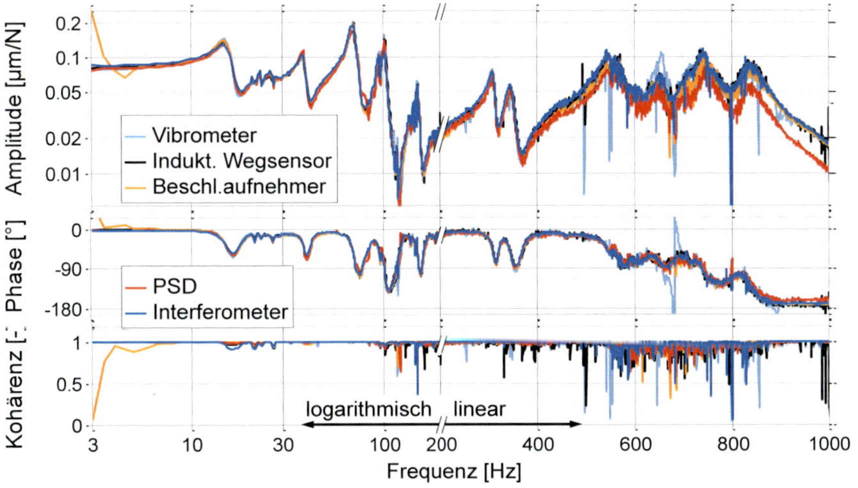

Bild 5.3: Messaufbau und Nachgiebigkeitsfrequenzgänge einer Fahrständermaschine aufgenommen mit unterschiedlichen Messgeräten

Measurement set-up and dynamic compliance measurements at a moving column machine tool with different measurement devices

Tabelle 5.1 zeigt die Kennzahl *frequency response assurance criterion* (FRAC, vgl. Kapitel 2.1.1) der Messungen aus Bild 5.3. Der FRAC beträgt 97,37 % für die PSD und 98,84 % für das Interferometer.

Tabelle 5.1: FRAC-Kennzahl der Nachgiebigkeitsfrequenzgänge gemäß Bild 5.3
FRAC-number of the frequency response functions from Bild 5.3

Sensor	Vibrometer	Wegsensor	Beschl.-aufnehmer	PSD	Interferometer
FRAC	96,66 %	98,84 %	98,11 %	97,37 %	98,84 %

Als Referenz für die FRAC-Berechnung wurde der kohärenz-gewichtete komplexe Mittelwert der Frequenzgänge nach Gleichung 5.1 genutzt. Die Referenz-Übertragungsfunktion berücksichtigt damit an jedem Frequenzwert die sicheren Übertragungsfunktionen (höhere Kohärenz) stärker als Übertragungsfunktionen mit kleinem Kohärenzwert.

$$H_{ref}(j\omega) = \frac{\sum_i \gamma^2{}_i(j\omega) \cdot H_i(j\omega)}{\sum_i \gamma^2{}_i(j\omega)} \qquad i\text{: Messung mit Sensor } i \tag{5.1}$$

Die Qualität der Messergebnisse des TI ist so gut wie die der konventionellen Messgeräte.

Einflussgröße: Mitwelt

Die wichtigsten identifizierten Einflüsse auf die Vibrationsmessung im Einstrahlverfahren seitens der Mitwelt sind Vibrationen, Luftströmung, Fremdlicht, Temperatur und Luftfeuchtigkeit. Vibrationen können hierbei sowohl von umstehenden Maschinen und Aggregaten als auch von der untersuchten Maschine durch den Boden und die Messgerätaufstellung übertragen werden.

Bild 5.4 zeigt die Ergebnisse der Schwingungsmessung mit Interferometer sowie der PSD im Versuchsaufbau nach Bild 5.2. Die Messungen wurden aus verschiedenen Distanzen aufgenommen. Sie zeigen den kombinierten Einfluss der zufälligen Luftströmungen, der Luftschichtung aber auch der Vibrationsübertragung des Erregersignals durch den Hallenboden. Geringe Unterschiede sind insbesondere in der PSD-Messung an der Antiresonanz bei 75 Hz zu erkennen. Als Referenz für die Berechnung des FRAC ist die Messung aus der jeweils kürzesten Entfernung verwendet worden. Die Messergebnisse werden mit zunehmenden Abstand etwas schlechter. Das FRAC bleibt jedoch bei mindestens 98 % beim Interferometer bzw. bei mindestens 89 % bei der PSD. Die Eigenschaften des FRAC, den Summenkennwert bei Amplitudenunterschieden an wenigen Frequenzpunkten bereits relativ stark abzusenken [ALLE03], führen dazu, dass die Antiresonanz bei 75 Hz den FRAC der PSD-Messungen stark beeinflusst.

Insgesamt kann der Einfluss des Abstands zwischen dem TI und dem Objekt weitgehend vernachlässigt werden.

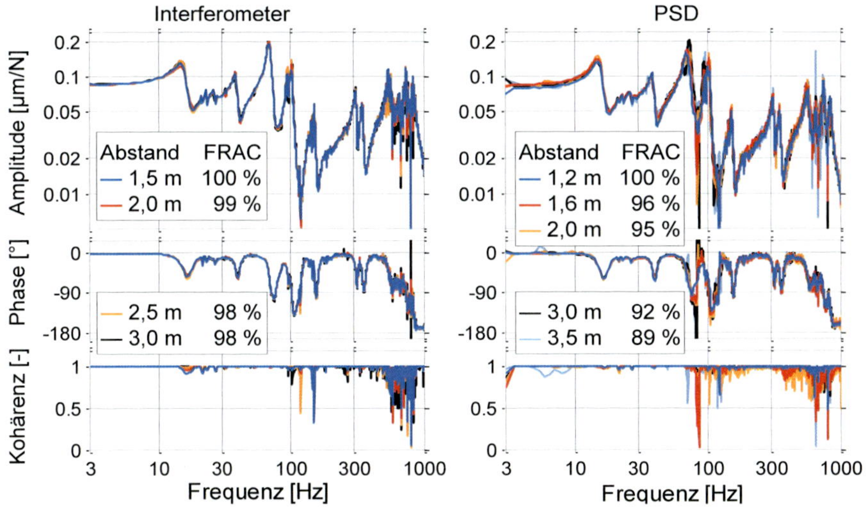

Bild 5.4: Gemessene Nachgiebigkeitsfrequenzgänge bei verschiedenen Abständen des Messgeräts zum Untersuchungsobjekt

Measured dynamic compliances with different distances between measurement device and measured object

Laserbasierte Hochpräzisionsgeräte werden mit Luftdruck-, Luftfeuchte und Temperatursensoren (Wettersensoren) betrieben und die Laserwellenlänge wird entsprechend korrigiert. Dies ist notwendig, weil bei statischen Messungen eine Lichtwellenlängenänderung auf der gesamten Strecke zwischen den Referenzflächen (z. B. Interferometer und Reflektor) eine Änderung der gemessenen Länge bewirkt. Bei dynamischen Messungen beeinflusst dagegen nur die Lichtwellenlänge innerhalb des vom Reflektor bei seiner Schwingung überdeckten Wegs die ermittelte Schwingungsamplitude. Eine dynamische Änderung der Lichtwellenlänge zum Beispiel durch Luftverwirbelung beeinflusst die Dynamikmessung dagegen auf der gesamten Strahllänge. Wenn zur Kostenreduktion des Messgeräts und zur Vereinfachung des Messaufbaus auf Wettersensoren verzichtet wird, muss der entstehende Fehler vernachlässigbar bleiben. An dieser Stelle wird dieser Fehler abgeschätzt.

Die Lichtwellenlänge λ wird vom Brechungsindex der Luft n beeinflusst. Mit λ_0 als Vakuumwellenlänge gilt:

$$\lambda = \lambda_0/n \tag{5.2}$$

Für die Änderung des Brechungsindex der Luft um die Normalbedingungen gilt nach [KOHL96] mit Temperatur T, Luftdruck p und Wasserdampfpartialdruck e:

$$n = 1.00027 \tag{5.3}$$

$$\frac{\delta n}{\delta T} = -9.3 \cdot 10^{-7} K^{-1} \tag{5.4}$$

$$\frac{\delta n}{\delta p} = 2.7 \cdot 10^{-7} mbar^{-1} \tag{5.5}$$

$$\frac{\delta n}{\delta e} = 0.4 \cdot 10^{-7} mbar^{-1} \tag{5.6}$$

Die Näherungsformeln gelten im Bereich T = 15 – 30 °C, p = 933 – 1067 mbar und um e = 13,33 mbar Wasserdampfpartialdruck (≙ 50 % relative Luftfeuchte bei Normalbedingungen) und ergeben Differenzen von:

$$\begin{aligned} &\frac{\Delta n}{n} \cdot 100\%(\Delta T = 15\ K) = -0.0014\ \% \\ &\frac{\Delta n}{n} \cdot 100\%(\Delta p = 134\ mbar) = 0.0036\% \\ &\frac{\Delta n}{n} \cdot 100\%(\Delta p = 26{,}66\ mbar) = 0.0001\% \end{aligned} \tag{5.7}$$

Insgesamt ergeben sich bei Bedingungen von Produktionshallen Längenmessfehler von deutlich weniger als einem Prozent, was bei der Modalanalyse vernachlässigt werden darf. Weitere Einflussgrößen wie die Luftverunreinigung und –zusammensetzung (insbesondere CO_2-Gehalt) spielen eine untergeordnete Rolle.

Bezüglich der Messung quer zur Strahlrichtung wird der Laserstrahl bei Temperaturschichtung gebogen. Da der reflektierte Strahl den gleichen Weg wie der ausgesandte nimmt, wird die Vibrationsmessung nicht beeinflusst. In [JATZ11] wird der mit der Strahlbiegung ergebende Winkel zwischen Strahlanfang und Strahlende abgeschätzt, der im Bezug auf diese Arbeit einen Fehler in der Koordinatentransformation der Schwingung ergibt. Dieser Winkel befindet sich im µRad-Bereich und ist damit ebenfalls vernachlässigbar.

Bild 5.5 stellt Vergleichsmessungen an dem Demonstrationsbearbeitungszentrum, das in der Fallstudie 1 näher erläutert wird dar. Es handelt sich im Bild um sogenannte Raumfrequenzgänge: Verlagerungsantworten in Hauptkoordinatenrichtungen bei Anregung in Raumdiagonalenrichtung. Die Messungen dienen der Ermittlung der Einflüsse von Fremdlicht, Luftströmung und Lufttemperatur auf die Dynamikmessung. Zur Ermittlung des Fremdlichteinflusses wurde das TI während der Messung unter einem kleinen Winkel zum Strahl von der abgebildeten Taschenlampe und dem (roten) Laserpointer angestrahlt. Zur Untersuchung des Einflusses der Luftströmung und Lufttemperatur, wurde der abgebildete Ventilator bzw. das Industrieluftheizgerät unter einem kleinen Winkel auf den Laserstrahl gerichtet, so dass die Luft über einen möglichst hohen Anteil des Laserstrahlwegs beeinflusst wurde. Tabelle 5.2 stellt die Eckdaten der Geräte zusammen.

Langwellige und kurzwellige Temperaturschwankungen beeinflussen die Messung in unterschiedlicher Weise. Ein Temperaturunterschied zu Normalbedingungen (langwellige Schwankung) hat in dem vom Reflektor bei der Schwingung überschritten Bereich Einfluss auf die Messung. Das heißt, die Lufttemperatur spielt nur direkt am Reflektor eine größere Rolle. Die Lufttemperatur in der freien Strahllänge ist dagegen unerheblich. Eine Lufttemperaturschwankung beeinflusst dagegen über die gesamte Strahllänge die Messung. Im dargestellten Fall wurde diese freie Strahllänge geheizt. Der stärkste Effekt ist hierbei die Bildung von Luftwirbeln hoher Temperaturgradienten im Strahlengang. Dies kann die Messung durch unregelmäßige Biegung des Laserstrahls und unregelmäßige Wellenlängenänderung in einer ähnlichen jedoch stärkeren Weise beeinflussen als es beim Ventilator der Fall ist.

Tabelle 5.2: Eigenschaften der Geräte zur Überprüfung von Umwelteinflüssen

Properties of devices for testing environmental influences

Taschenlampe	~ 400 Lumen Lichtstrom
Laserpointer	~ 700 nm Laserwelenlänge, 1 mW Laserleistung
Ventilator	2700 min^{-1} (Rotordrehzahl), 40 W (elektrische Anschlussleistung)
Luftheizgerät	460 W (Anschlussleistung), 380 °C (Luft-Austrittstemperatur)

Die Referenzmessungen sind in Bild 5.5 mit schwarzen dicken Linien dargestellt. Die Vergleichsmessungen unter Fremdlicht- bzw. Luftstrom- und –temperatureinfluss sind farbig gemäß der Legende dargestellt. Die Verläufe der Graphen sind weitgehend identisch. Auch bei einer genauen Analyse (vgl. Zoomfenster) sind die Einflüsse kaum zu erkennen.

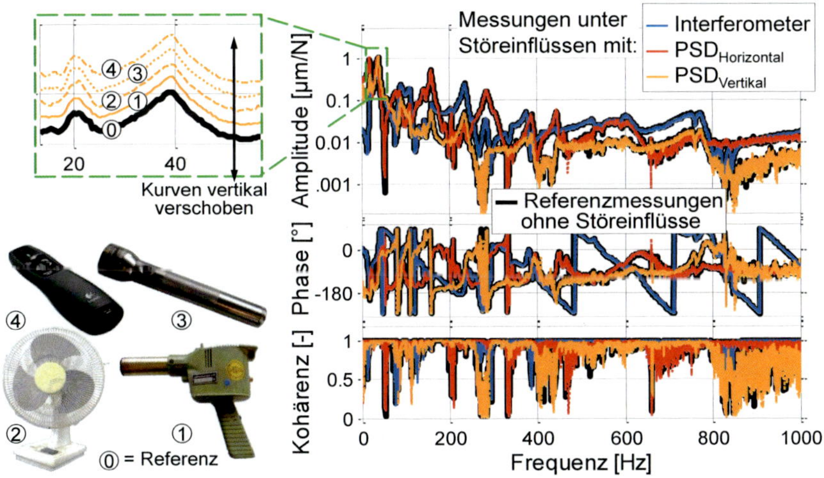

Bild 5.5: Raumfrequenzgänge des Demonstrationsbearbeitungszentrums unter Einfluss von Fremdlicht und Luftströmung

Spatial frequency response functions of the demonstrator machining center under influence of extraneous light and airflow

Der Einfluss von Fremdlicht, Lufttemperatur, Luftverwirbelung, Luftdruck und Luftfeuchtigkeit auf die Messung im Einstrahlverfahren ist weitgehend vernachlässigbar.

Einflussgröße: Methode

Die wichtigsten identifizierten Einflüsse auf die Vibrationsmessung im Einstrahlverfahren seitens der Messmethode sind Signalrauschen, Übersprechen, Auswirkungen des Messabstands und Abweichungen der ermittelten TI-Ausrichtung. Auswirkungen des Signalrauschens und des Messabstands wurden bei der Einflussgröße Mitwelt besprochen. Im Kapitel 4.2.2 ist nachgewiesen worden, dass das Übersprechen vernachlässigbar klein ist.

Bild 5.6 visualisiert den Einfluss der Koordinatentransfromation mit Hilfe von Messungen am Bearbeitungszentrums im Aufbau nach Bild 5.2 aus unterschiedlichen Richtungen. Insgesamt nehmen alle drei Kurven einen ähnlichen Verlauf ein. Im Bereich der Resonanzstellen bei 70 Hz und 94 Hz sind kleinere Unterschiede zu sehen. Alle FRAC-Werte im paarweisen Vergleich der drei Nachgiebigkeitsfrequenzgänge liegen bei mindestens 93 %.

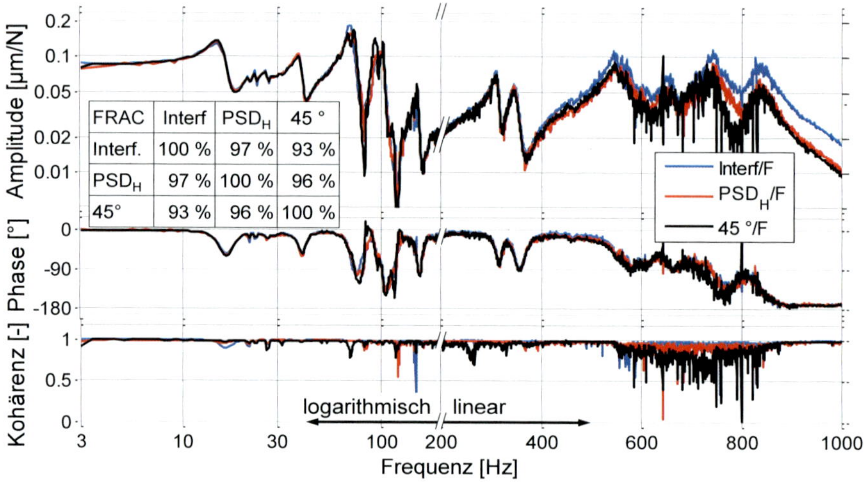

FRAC	Interf	PSD_H	45 °
Interf.	100 %	97 %	93 %
PSD_H	97 %	100 %	96 %
45°	93 %	96 %	100 %

Bild 5.6: Vergleichende Messungen mit Koordinatentransformation

Comparison measurements with coordinate transformation

Es lässt sich zusammenfassend sagen, dass der Einfluss der Koordinatentransformation und damit der Einfluss der Blickrichtung des Gerätes auf den Messpunkt für die Modalanalyse gering ist.

Einflussgröße: Messgerät

Bild 5.7 gibt einen Überblick über die Einflussgrößen des Messgerätes (vgl. auch Bild 5.1). Im Folgenden sollen die einzelnen Punkte gesondert behandelt werden.

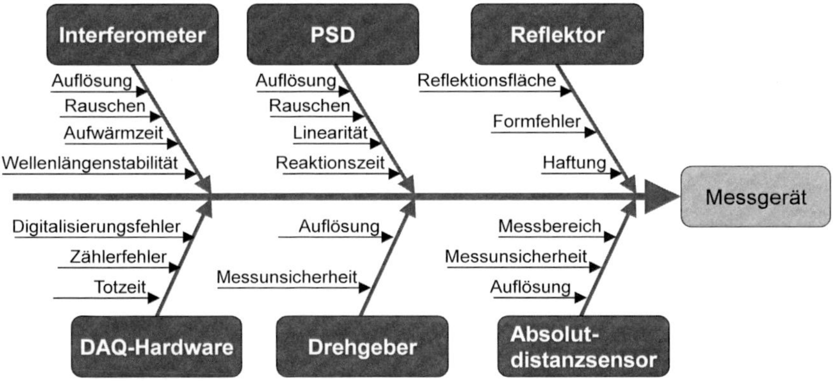

Bild 5.7: Einflüsse des Messgerätes

Influences of the measurement device

Interferometer

Die Wellenlängenstabilität des Interferometers wird vom Hersteller mit $2 \cdot 10^{-8}$ über 24 Stunden angegeben. Die Aufwärmzeit beträgt ca. 20 min. Das Rauschniveau der Signale liegt weit unter 1 ° der Lissajousfigur (vgl. Kapitel 4.2.2) und damit unterhalb eines Nanometers. Die Auflösung der Interferometersignale hängt von der Auswertemethode ab (vgl. Kapitel 4.2.2, z. B. Bild 4.14).

Bild 5.8a stellt den mit verschiedenen Verfahren mit Hilfe des Interferometers ermittelten Nachgiebigkeitsfrequenzgang des Zweimassenschwingers (vgl. Bild 4.11) dar. Die Anregung findet mit einem Impulshammer mit einer Stahlspitze statt. Hierdurch wird ein sehr breites Frequenzspektrum angeregt, jedoch bleibt das Kraftleistungsspektrum in allen Frequenzbereichen relativ niedrig. Die Auflösung bei der Einflankenauswertung ergibt bereits eine Kohärenz, die mit den im Folgenden beschriebenen PSD-Messungen vergleichbar ist (vgl. Bild 5.8b). Das Ergebnis des Geschwindigkeitsdemodulationsverfahrens ist dagegen im Frequenzbereich bis 3000 Hz als sehr gut zu bezeichnen. Wahrscheinlich ist die hier ermittelte Frequenzgrenze der abnehmenden Kraftleistung und entsprechend kleiner Wegamplitude bei hohen Frequenzen geschuldet und keiner durch das Interferometer bestimmten Frequenzbegrenzung. Bei der Analyse der PSD-Messungen findet hierzu eine genauere Betrachtung statt.

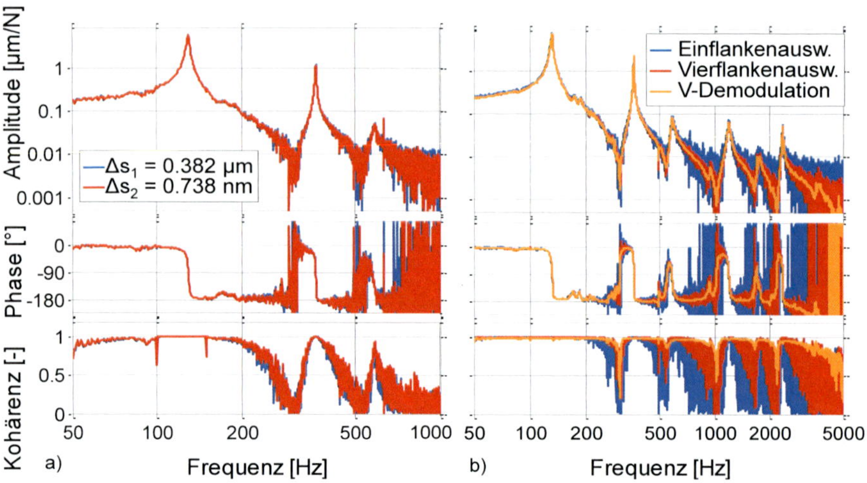

Bild 5.8: Vergleich der Nachgiebigkeitsfrequenzgangmessungen am Zweimassenschwinger

Comparison of dynamic compliance measurements of the two mass oscillator

DAQ-Hardware

Über die Betrachtung der Zählerfehler wurden im Kapitel 4.2.2 maximale zulässige Objektgeschwindigkeiten bestimmt. Totzeiten und Filterverhalten wurden ebenfalls im Kapitel 4.2.2 betrachtet und Wege zur numerischen Korrektur aufgezeigt.

Die PSD mit ihrem Verstärker liefert analoge Ausgangssignale. Die Auflösung wird somit durch die verwendete DAQ-Hardware bestimmt. Die mit der PSD gemessenen Nachgiebigkeitsfrequenzgänge des Zweimassenschwingers sind in Bild 5.8a dargestellt. Das PSD-Signal der Verlagerungsantwort wurde hierzu parallel mit zwei unterschiedlichen ADC aufgenommen. Die Auflösung des ADC-2 ist kleiner als 1 nm und liegt damit im Bereich der Auflösung des Interferometers. Die Auflösung des ADC-1 ist 512-fach gröber*. Trotz der wesentlich geringeren Auflösung des ADC-1 ist die ermittelte Übertragungsfunktion nicht merklich schlechter als bei der höheren Auflösung des ADC-2. Im digitalen Zeitsignal des ADC-1, im Bild 5.9a sind Quantisierungsfehler deutlich zu sehen. Durch eine Erhöhung der Auflösung mit dem ADC-2 lässt sich der Verlauf des Graphen deutlich glätten.

Zusammenfassend lässt sich feststellen, dass eine relativ grobe Auflösung der PSD von 0.382 µm für die Auswertung der Schwingungsmessung im Frequenzbereich ausreichend ist. Eine Auflösung von 0.738 nm führt jedoch zu deutlich besseren Ergebnissen im Zeitbereich.

*Bei den beiden ADC handelt es sich um die in Kapitel 4.2.2 beschriebenen Module NI 9215 und NI 9234

PSD

Die Qualität der Messung hängt vom Signal-zu-Rausch-Verhältnis der PSD ab. Zwar beeinflusst die DAQ-Auflösung das Zeitsignal sichtbar, jedoch stellt das Signal-zu-Rausch-Verhältnis der PSD anscheinend eine Grenze der Messgenauigkeit dar. Bild 5.9 zeigt die mit der PSD gemessenen Verlagerungssignale und ihr lineares Spektrum bei der Nachgiebigkeitsfrequenzgangmessung am Zweimassenschwinger (entsprechender Nachgiebigkeitsfrequenzgang: Bild 5.8). Die Nachgiebigkeit sinkt bei höheren Frequenzen. Das Kraftleistungsspektrum, zuerst fast konstant, sinkt ab ca. 2000 Hz rapide(vgl. Bild 5.9b rechte Ordinate). Das Spektrum des Verlagerungssignals in Bild 5.9b (linke Ordinate) sinkt entsprechend dem Produkt aus Nachgiebigkeit und Kraftleistung. Unterhalb von 0.01 µm hat der Graph des Verlagerungsspektrums einen deutlich unruhigen Verlauf. Ab diesem Wert ist das Signal-zu-Rausch-Verhältnis sehr ungünstig.

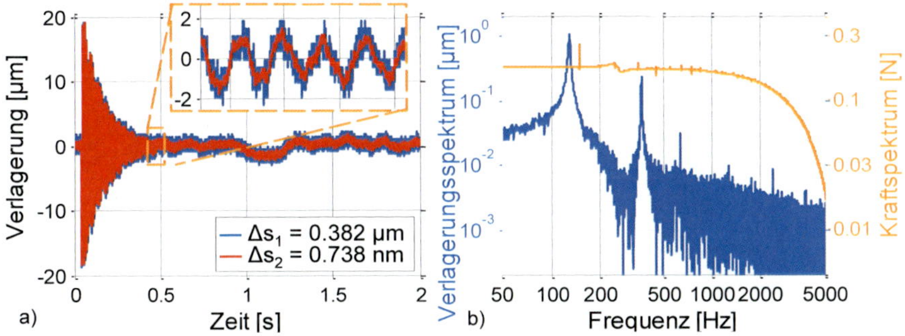

Bild 5.9: Nachgiebigkeitsfrequenzgang der Demonstratormaschine und Zeitsignale aufgenommen mit PSD und DAC unterschiedlicher Auflösung (Δs)

Dynamic compliance of the demonstrator machine and time signals acquired with the PSD and DAC of different resolutions (Δs)

Die Reaktionszeit der Fotodiode liegt im Nanosekunden-Bereich und ist damit vernachlässigbar klein. In keiner der durchgeführten Messungen konnten Einflüsse der Übertragungsfunktion der PSD und ihrer Verstärkerelemente festgestellt werden. Die niedrige Kohärenz der Übertragungsfunktion bei höheren Frequenzen ist nicht durch eine frequenzabhängige Leistungsfähigkeit der PSD bewirkt, sondern durch ein vergleichsweise hohes Rauschniveau und niedriger Verlagerungsamplitude wegen abnehmender Nachgiebigkeit des Systems bei höheren Frequenzen. Wie in Bild 5.3 und Bild 5.4 gezeigt, reicht das Frequenzspektrum der PSD bei entsprechender Anregung bis 1000 Hz und darüber hinaus.

Die Proportionalitätsfaktoren der Messung quer zur Strahlrichtung wurden im Kapitel 4.2.2 ermittelt*. Sie liegen bei einer zentrischen Messung mit einem 0,5"-Tripelspiegelreflektor bei 1,20 mm/V in horizontaler und 1,21 mm/V in vertikaler

* Der Proportionalitätskonstante der Lateralmessung wird von mehreren Faktoren beeinflusst. Der größte ist jedoch die PSD. Einfluss des Reflektors wird weiter unten behandelt.

Richtung. Für die Quantifizierung der Leistungsfähigkeit der Messung sollen die Grenzen dieser Proportionalitätsfaktoren über die Messfläche ermittelt werden.

Bild 5.10a zeigt einen Messaufbau zur Ermittlung der Linearitätsabweichung der Lateralmessung an einem 0,5"-Tripelspiegelreflektor. Eine Werkzeugmaschine wird in einem 0,05x0,05 mm-Raster verfahren. Die genaue Position der Maschine wird mit Hilfe von induktiven Messtastern ermittelt und mit gemessenen Werten der PSD verglichen. Bild 5.10b stellt die Linearitätsabweichung dar.

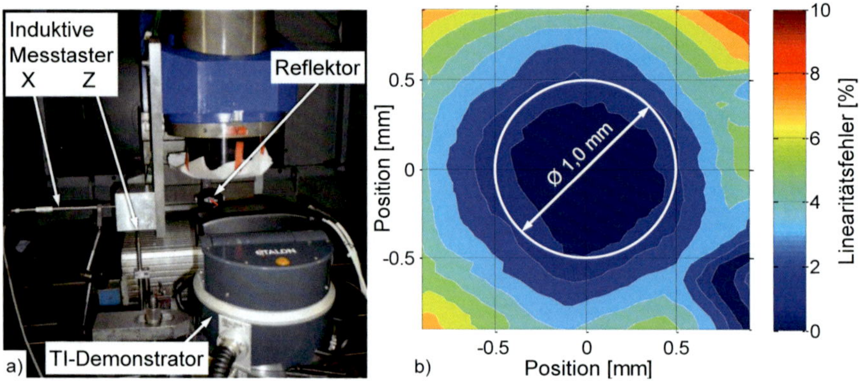

Bild 5.10: Linearität der Lateralverlagerungsmessung mit einem 0,5"-Tripelspiegelreflektor

Linearity of the lateral displacement measurement using a 0.5" cube corner reflector

Die Linearitätsabweichung weist insgesamt eine deutliche kreisförmige Struktur auf. Im Zentrum der Messfläche existiert eine kreisförmige Zone mit einem Durchmesser von mindestens 1,0 mm mit einer Linearitätsabweichung von kleiner als 2 % (erste und zweite Schattierung um den Ursprung). Auf einem Kreis von 1,5 mm Durchmesser beträgt die Linearitätsabweichung bis 3%.

Reflektor

Die Messung quer zur Strahlrichtung wird außer von der PSD auch durch Eigenschaften des Reflektors beeinflusst. Hierunter sind die Reflektionsfläche und Formfehler des Reflektors ausschlaggebend. Tripelspiegelreflektoren können die Messung durch Artefakte stören, die entstehen, wenn der Laserstrahl die Stöße zwischen den Spiegeln trifft. Diese konnten in den durchgeführten Messungen nicht beobachtet werden, obwohl der Laserstrahl während der Messung auch an Spiegelstößen reflektiert wird. Der Ursprung der Messung, der Punkt [0 0] in Bild 5.10b, liegt in der Mitte des Tripelspiegelreflektors, so dass der Auftreffpunkt des Laserstrahls während der Messung auf allen drei Spiegeln zu liegen kommt. Da der Laserstrahldurchmesser am Tripelspiegel deutlich über der Schrittweite von 0,05 mm liegt, müssen in der Messung auch Stoßstellenreflektionen auftauchen. Die Messungen zeigen keinen Einfluss der Stoßstellen auf die Linearität der Lateralmessung in der betrachteten Zone.

Dynamikmessungen mit dem TI im Einstrahlverfahren werden durch die Anbindung des Reflektors an die schwingende Struktur beeinflusst. Es muss davon ausgegangen werden können, dass der Reflektor der Strukturbewegung folgt. Zur Dynamikmessung werden Messreflektoren in ein magnetisches Nest eingesetzt, in dem sie zum TI ausgerichtete werden können. Das Nest wird wiederum ebenfalls magnetisch ggf. mit Hilfe von Wachs an die Struktur angebracht. Beide Schnittstellen, Struktur-Nest und Nest-Reflektor stellen Orte der möglichen Abhebeerscheinung dar.

Folgende Untersuchungen dienen zur Prüfung der Abhebeerscheinung. Berechnete Grenzen, die den Versuchsergebnissen gegenübergestellt sind, beziehen sich auf die Schnittstelle Nest-Reflektor, weil das Abheben an der Schnittstelle Struktur-Nest in keinem der Versuche beobachtet werden konnte.

Bild 5.11a stellt den Versuchsaufbau dar. Mit Hilfe eines Weithub-Piezoerregers wird über eine Blattfederführung eine lineare Bewegung auf ein plane Montagefläche übertragen. Auf der Montagefläche wird ein Nest angebracht, in dem sich ein Reflektor befindet. Mit Hilfe eines Laservibrometers wird die Bewegung des Reflektors erfasst. Es werden zwei Größen von Reflektoren untersucht 1,5" und 0,5".

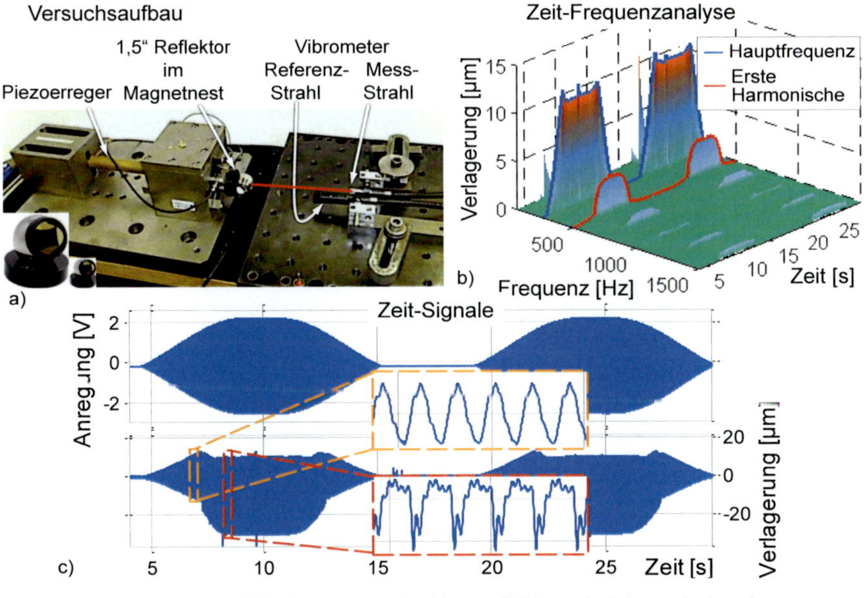

Bild 5.11: Ermittlung der Abhebegrenzen der Messreflektoren bei dynamischer Anregung, Messaufbau und Signalanalyse

Investigation of take-off limits for reflectors under dynamic excitation, test set-up, signal analysis

Der Erreger wird mit einem Reinsinus mit langsam modulierter Amplitude angesteuert. Bild 5.11c stellt exemplarisch die Zeitsignale der Anregung und der Verlagerungsantwort des Reflektors bei einer Reinsinusanregung mit 250 Hz über zwei Perioden der modulierten Anregung dar. Deutlich zu sehen ist der Einbruch des Amplitudenwachstum des Verlagerungssignals. Bei näherem Betrachten der verschiedenen Bereiche ist die sinusförmige Schwingungsform des Reflektors im Haftbereich zu sehen. Im Abhebebereich zeigt der Reflektor eine deutlich von einem Reinsinus unterschiedliche Bewegungsform.

Bild 5.11b stellt die Zeit-Frequenz-Analyse dieser Daten dar. Mit zunehmender Anregungsamplitude steigt die Verlagerungsamplitude an, bis sie ein Plateau erreicht. Die deutliche Abweichung der Bewegungsform von einem Reinsinus wird in der Fouriertransformation durch den sprunghaften Anstieg der Amplituden harmonischer Frequenzen deutlich. Die erste Harmonische ist im Bild hervorgehoben.

Zur Bewertung ist im Bild 5.12a die Amplitude der ersten Harmonischen (hier 500 Hz) über der Verlagerungsamplitude bei Anregungsfrequenz (250 Hz) dargestellt. Vereinfacht ausgedrückt sind in Bild 5.12a die Funktionswerte der roten Kurve aus Bild 5.11b über den Funktionswerten der blauen Kurve aus demselben Bild dargestellt. Der lineare Bereich entspricht niedrigen Anregungsfrequenzen. Bei einer Amplitude der Hauptschwingung von ca. 11 µm setzt das Abhebephänomen ein. Mit sinkender Anregungsamplitude haftet der Reflektor wieder im Nest.

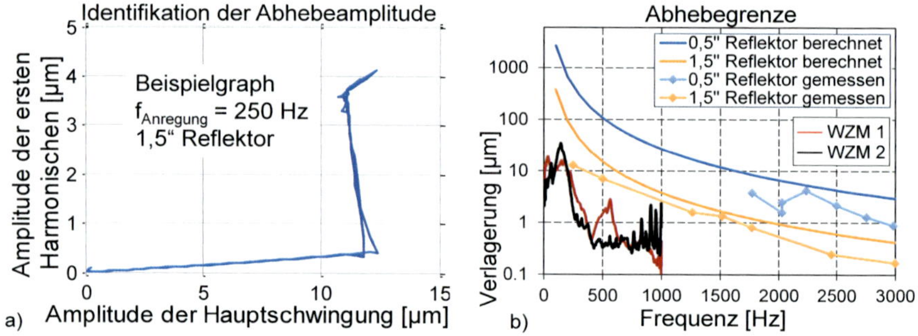

Bild 5.12: Ermittlung der Abhebegrenzen der Messreflektoren bei dynamischer Anregung, Bewertung

Investigation of take-off limits for reflectors under dynamic excitation, evaluation

Mit Hilfe der Auswertung gemäß Bild 5.12a ist die Abhebegrenze bei mehreren Frequenzen ermittelt und als gemessene Abhebegrenze in Bild 5.12b aufgetragen worden. Die berechneten Abhebegrenzen in Bild 5.12b sind aus Messdaten eines Auszugversuchs abgeleitet und gemäß Formel 5.8 aufgetragen worden.

$$m \cdot \hat{a} = F_{magnet} \qquad \hat{a} = \frac{F_{magnet}}{m} \qquad \hat{x} = \frac{F_{magnet}}{m \cdot (2\pi f)^2} \tag{5.8}$$

Zur Ermittlung der Kräfte wurde das Nest mit Reflektor auf einer Kraftmessplattform positioniert und der Reflektor per Hand ausgezogen. Die bleibende Kraftdifferenz zwischen Anfang und Ende des Versuchs entspricht der Gewichtskraft des Reflektors. Anhand der Kraftspitze beim Auszug wird die Magnetkraft (F_{magnet}) bestimmt.

Die berechneten Funktionen in Bild 5.12b stellen Kurven gleicher Beschleunigung dar. Der Unterschied zwischen gemessenen und berechneten Kurven ist wahrscheinlich in der Federung des Reflektorkörpers begründet.

Ein Abheben des Reflektors bei der messtechnischen Untersuchung der Maschinendynamik ist unwahrscheinlich. Zum Vergleich sind die Schwingamplituden der Werkzeugmaschinen aus dem Bild 4.5 eingezeichnet. Die erreichten Schwingungsamplituden sind meist kleiner als die Abhebegrenzen des 1,5“-Reflektors und mindestens 2 Zehnerpotenzen und damit deutlich kleiner als die Abhebegrenze des 0,5“-Reflektors liegen. Die rechnerische Abschätzung liefert teilweise um bis Faktor 5 zu hohe Abhebegrenzen.

5.1.2 Einflüsse auf die Erfassung der Geometrie und Ausrichtung

Influencing factors on geometry modeling and orientation

Die Geometrievermessung für die Modalanalyse dient zur Visualisierung der vermessenen Struktur. Lediglich relativ große Fehler in der Geometrieerstellung führen hierbei zu Verzerrungen, die eine visuelle Überprüfung und Analyse der Eigenformen stören können. Sollte in Zukunft der automatisierte CrossMAC-basierte Abgleich der Simulations- und Versuchsergebnisse oder automatisierte Formen der Substrukturkopplung gefordert werden, würden die Anforderungen an die Genauigkeit des geometrischen Modells gegenüber dem heutigen Stand steigen.

Die wichtigsten Einflüsse auf die Genauigkeit des geometrischen Modells sind die Leistungsfähigkeit der Absolutdistanzmessung und der Winkelmessung (weitere Einflussfaktoren sind von untergeordneter Bedeutung).

Absolutdistanzmessung

Bezüglich der Absolutdistanzmessung sind insgesamt drei Verfahren entwickelt bzw. angewendet worden:

- beschleunigungsreferenzierte PSD-Schwenkung
- geschwindigkeitsreferenzierte PSD-Schwenkung und
- Nutzung eines Laser-Absolutdistanzsensors auf Time-of-flight-Basis.

Die beiden Methoden der referenzierten PSD-Schwenkung konnten die gestellten Anforderung an die Präzision nicht einhalten. Dies wird im Folgenden beschrieben.

Bild 5.13 zeigt ein Prinzipbild und die Ergebnisse der referenzierten PSD-Schwenkmethoden. Beide Methoden basieren auf einem Schwenken der Zenitachse. Durch das Schwenken der Zenitachse durchläuft der reflektierte Laserstrahl die Fläche der PSD in vertikaler Richtung. Das Verhältnis zwischen der vom Laserstrahl auf der PSD-zurückgelegten Strecke und dem überschrittenen Winkel der Zenitachse wächst proportional mit der Strahllänge. Das PSD-Signal lässt sich messen und mit einer Referenz vergleichen.

In der beschleunigungsreferenzierten Messung wird das TI bei leicht instabilen Einstellungen des Zenitachs-Reglers im Folgemodus betrieben. Hierdurch führt die Zenitachse kleine Schwingungen aus. Die dominante Frequenz beträgt hierbei 3,5 Hz. Ein Beschleunigungsaufnehmer auf dem Interferometer dient als Referenz. Der Quotient der Fouriertransformierten des PSD- und des Beschleunigungssignals dient als Vergleichswert für die Abstandsmessung. In Bild 5.13 sind die Fouriertransformierten der Rohsignale in Volt aufgetragen. Bei der geschwindigkeitsreferenzierten Messung wird davon ausgegangen, dass die Schwenkgeschwindigkeit der Zenitachse konstant bleibt. Das Zeitsignal der horizontalen Richtung der PSD zeigt deutlich den Bereich an, in dem der Laserstrahl auf die PSD trifft. In vertikaler Richtung ist das Durchfahren der PSD zu sehen. Die Steigung des PSD_V-Signals (vertikale Richtung) ist der Vergleichswert für die Abstandsmessung. Insbesondere die geschwindigkeitsreferenzierte Messung ist sehr kostengünstig realisierbar, da keine zusätzlichen Sensoren für die absolute Abstandsmessung gebraucht werden.

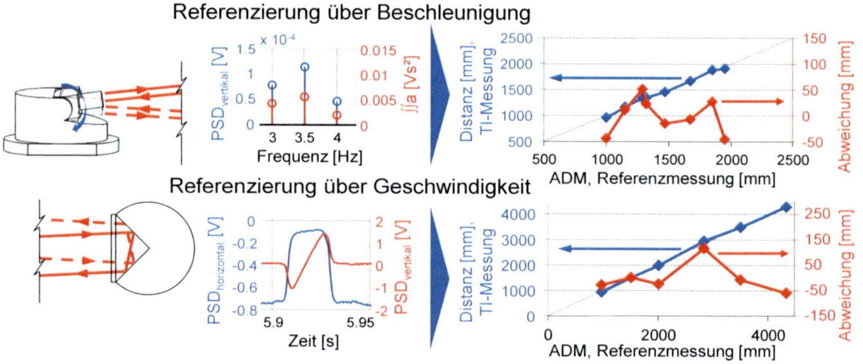

Bild 5.13: Absolutdistanzmessung über referenziertes PSD-Schwenken

Absolute distance measurement using referenced PSD-rotation

Für beide Verfahren wurden die entsprechenden Messwerte über die Referenzmessungen linearisiert. Im rechten Bildteil sind die linearen Regressionen und die Linearitätsabweichungen aufgetragen. Die im Bild angegebenen Werte sind Mittelwerte aus fünf Versuchen je Messpunkt. Bereits ohne Angabe der statistischen Streuung überschreiten beide Messverfahren die geforderte Messunsicherheit.

Für die Absolutdistanzmessung (ADM) nach dem Time-of-flight Prinzip wird der Sensor ILR 1031-50 der Fa. Micro-Epsilon verwendet. Die vom Hersteller angegebene Genauigkeit des Sensors (Linearität ± 20 mm, Wiederholgenauigkeit < 5 mm) wird durch das Verfahren beeinflusst, mit dem die absolute Distanz vermessen wird. Die Vorrichtung zur Strahleinkopplung ist in Bild 5.14a dargestellt. Es handelt sich um einen Halter mit zwei Spiegelprismen. In der Einkoppelposition wird der ADM-Strahl an den beiden Prismen reflektiert und somit parallel in den Interferometerstrahl verschoben. In der offenen Position verlaufen die Strahlen parallel. Die korrekte Ausrichtung beider Strahlen mit der Vorrichtung konnte mit der vorliegenden Hardware nicht dauerhaft realisiert werden.

In Bild 5.14b ist die hier realisierte alternative Methode dargestellt. Der ADM-Strahl wurde hierzu so parallel zum Interferometerstrahl ausgerichtet, dass die durch die beiden Strahlen definierte Ebene senkrecht zur Zenitachse liegt. Ist der Interferometerstrahl auf einen Reflektor gerichtet, so kann der ADM-Strahl durch Verfahren der Zenitachse um den Winkel $\Delta\psi$ auf den Reflektor gerichtet werden. Für die Ermittlung von $\Delta\psi$ müsste jedoch die Distanz bekannt sein. Die Messmethode besteht nun darin, durch das Schwenken der Zenitachse den ADM-Strahl durch den Reflektor durchzuführen. Die Distanz ist der Minimalwert des hochfrequent kontinuierlich aufgenommenen ADM-Signals.

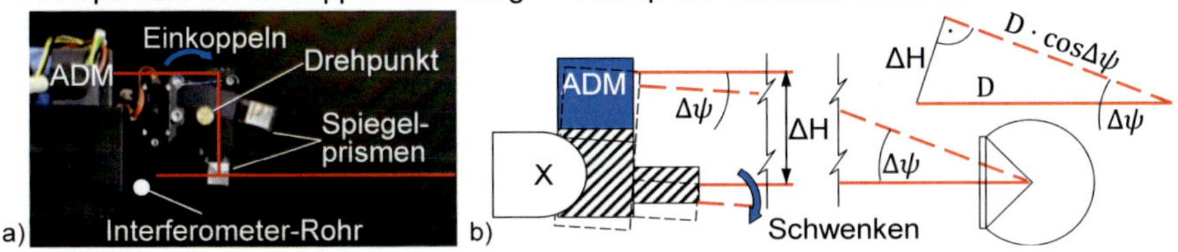

Bild 5.14: Einkoppelvorrichtung und Schwenk-Methode

Coaxiality adjustment device and pivoting method

Durch die Parallelverschiebung der Strahlen ist die ADM-Messung durch den Kosinusfehler ΔD verfälscht. Dieser lässt sich nach der Formel 5.9 berechnen.

$$\Delta D = D \cdot (1 - cos\Delta\psi) \qquad \Delta D = D \cdot \left(1 - \sqrt{1 - \Delta H^2/D^2}\right) \qquad (5.9)$$

Die zweite Formulierung in der Formel 5.9 folgt aus dem Satz von Pythagoras und der Ausdruck strebt mit größer werdenden Distanzen gegen Null. Bei geringen Distanzen erreicht er in der gegebenen Konfiguration mit ΔH = 70 mm, ΔD = 2,5 mm bei D = 1000 mm und ΔD = 5 mm bei D = 500 mm. Diese Werte liegen deutlich unterhalb der im Folgenden aufgezeigten Messunsicherheiten.

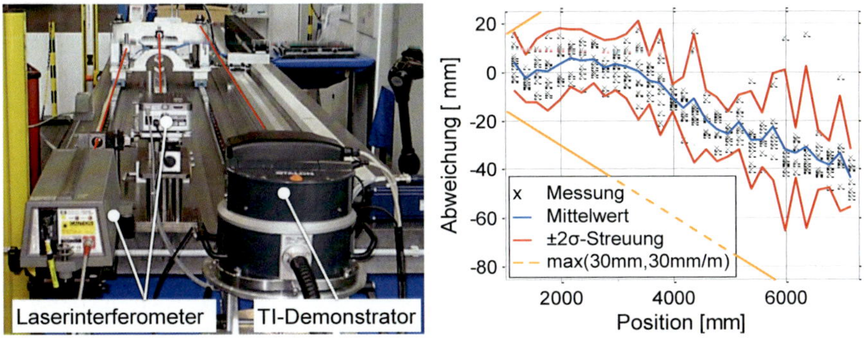

Bild 5.15: Aufbau und Ergebnis der Längenmessung mit dem Absolutdistanzsensor

Set-up and results of length measurements using the absolute distance measurement unit

Bild 5.15 zeigt den Messaufbau und das Ergebnis der Längenmessung mit dem Absolutdistanzsensor. Die Messung ist an einem Prüfstand zur Vermessung von Gewindespindeln durchgeführt worden. Zur Positionierung der Achse dient das Laserinterferometer Renishaw XL-80. Das Laserinterferometer HP 5519 B dient zur ergänzenden Kontrolle. Die Messunsicherheit der Referenzsysteme ist kleiner als ein Hundertstel der Messunsicherheit des zur prüfenden Systems, weswegen auf eine gesonderte Betrachtung der Messunsicherheit der Referenzsysteme verzichtet werden konnte. Die Messungen sind in Anlehnung an [ISO 230-2] durchgeführt und ausgewertet worden. Bei den Messungen ist der gesamte Verfahrbereich der Achse ausgenutzt worden. Die Auswertung erfolgt ohne Richtungsangabe, da eine Richtungsabhängigkeit nicht festgestellt wurde.

Die dargestellte Messung weist eine Messunsicherheit von 84 mm bei einer Wiederholgenauigkeit von bis zu 64 mm und einer systematischen Abweichung von 48 mm auf. Insbesondere ist ein linearer Trend ab 3000 mm erkennbar. Die durchschnittliche Wiederholgenauigkeit liegt bei nur etwa 30 mm, die Messungen enthalten einige wenige deutliche Ausreißer. Insbesondere bleibt die Messunsicherheit innerhalb des geforderten Korridors von max [30 mm, 30 mm/m · Strahllänge], der Wunschkorridor von max [3 mm, 3 mm/m · Strahllänge] wird dagegen nicht erreicht. Da die im Folgenden erläuterte Winkelmessung wesentlich genauer ist, bleibt die bisher noch nicht zwingend erforderliche, jedoch in Zukunft möglicherweise relevante Wunschforderung nach einer Verengung dieser Toleranzgrenze. Die Abweichung zu der höheren vom Hersteller angegebenen Sensorgenauigkeit ist wahrscheinlich durch die Schwenk-Methode bedingt, bei der der ADM-Strahl nicht exakt auf den Reflektormittelpunkt ausgerichtet wird. Eine genaue Ausrichtung des ADM-Strahls auf den Tripelspiegel – zum Beispiel durch eine koaxiale Führung beider Strahlen – und Messwertmittelung würde die Genauigkeit der ADM erhöhen.

Winkelmessung

Die Genauigkeit der Drehgeber ist schwierig nachzuweisen, weil ein Referenzsystem nur sehr schwer angeschlossen werden kann. Der Lasertracer der Firma Etalon wird ohne Auswertung der Winkel betrieben. Deswegen sind keine Herstellerangaben zur Winkelmessgenauigkeit verfügbar. Im Folgenden wird ein umfassendes Bild der Winkelabweichungen im ganzen Arbeitsvolumen des TI aufgenommen. Mit VDI/VDE 2617 Blatt 10 [VDI2617-10] existiert eine Richtlinie, die auch die Prüfung der Winkelmessgenauigkeit von Lasertrackern beinhaltet. Jedoch sind die hier vorgeschlagenen Messungen eher für wenige Einzelpunkte bzw. einzelne Winkel geeignet.

Aus diesen Gründen wurde für die Bestimmung der Winkelmessunsicherheit des TI ein eigenes Verfahren entwickelt. Die Messungen wurden in einer Werkzeugmaschine als Referenzmesssystem durchgeführt. Bild 5.16 zeigt den Aufbau und die Lage der Messpunkte, die zur Bestimmung der Winkelmessunsicherheit des TI verwendet worden sind. Das TI ist auf dem Maschinentisch fixiert und folgt einem Reflektor an der Maschinenspindel. Die Werkzeugmaschine fährt fünf Mal 58 diskrete Punkte in ihrem Arbeitsraum an. Für jeden Punkt werden mit Hilfe des TI die beiden Winkel und die interferometrische relative Länge bestimmt. Die Messpunkte sind so angeordnet, dass ein möglichst großer Winkelbereich der TI-Achsen ausgenutzt wird. Der Winkelbereich des Reflektors darf hierbei nicht überschritten werden.

Die Winkelabweichung kann nicht direkt bestimmt werden, weil viele Parameter der Messung, wie die genaue Position des TI, nicht bekannt sind. Vielmehr wird eine Rechnung durchgeführt, die die unbekannten Parameter so berechnet, dass der innere Widerspruch aller verfügbaren Daten minimiert wird. Als unbekannte Parameter müssen die Position und die Orientierung des TI, die Initiallänge der interferometrischen Messung und die Nulllage der Zenitachse angenommen werden. Die acht Unbekannten werden so berechnet, dass der lineare Abstand zwischen den von der Maschine angefahrenen und den vom TI gemessenen Positionen minimiert wird. Anschließend werden die Winkelabweichungen bestimmt. Die Nulllage der Azimutachse (φ_0) ist weitestgehend irrelevant für die Messung, weil es sich um einen Winkel zu einer willkürlich gewählten Nullausrichtung der Basisplatte des TI handelt. Die Nulllage des Zenitwinkels ist dagegen als 90°-Winkel zwischen der Azimutachse und dem Laserstrahl definiert und beeinflusst erheblich die Koordinatenberechnung. Bei dem in dieser Arbeit benutzten Gerät weicht die Nulllage des TI deutlich von 0° ab.

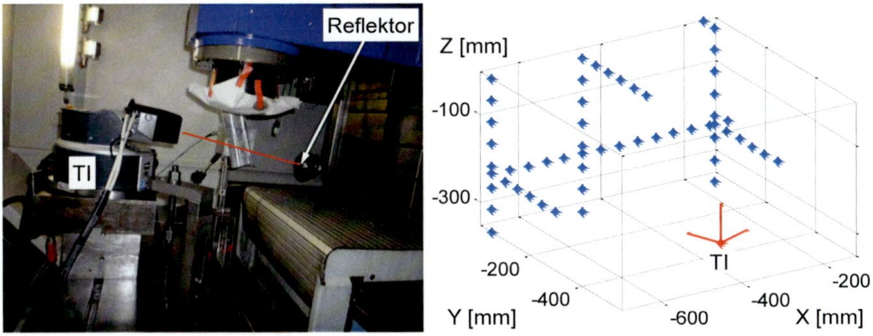

Bild 5.16: Aufbau und Lage der Messpunkte zur Bestimmung der Winkelmessunsicherheit des TI

Set up and location of measurement points for determination of angle measurement uncertainty

Die Berechnung der Winkelabweichungen erfolgt in drei Schritten:

1. Berechnung der TI-Position und der Initiallänge des Interferometers
2. Berechnung der Zenit-Nulllage und der TI-Orientierung
3. Berechnung der Winkelabweichungen

1. Berechnung der TI-Position und der Initiallänge des Interferometers:

Für jeden gemessenen Punkt ist der Abstand zwischen den Punktkoordinaten und der TI-Position gleich der Summe aus der interferometrisch gemessenen Strahllänge und der Initiallänge.

$$\left\| \begin{bmatrix} x \\ y \\ z \end{bmatrix}_{gl,i} - \begin{bmatrix} x \\ y \\ z \end{bmatrix}_{gl,0} \right\| = r_i + r_0 \tag{5.10}$$

Bei der hier behandelten Messung wurden 58 Punkte mit 5 Wiederholungen vermessen, so dass aus der Gleichung 5.10 ein stark überbestimmtes Gleichungssystem zusammengesetzt werden kann. Das Gleichungssystem wird in ein nichtlineares Minimalwertproblem nach Gleichung 5.11 überführt und numerisch gelöst. Mit den Maschinenpositionen und den interferometrischen Längenmesswerten greift die erste Optimierung nur auf Daten zurück, die mit einer sehr geringen Messunsicherheit gemessen werden.

$$min_{r_0,[x,y,z]^T_{gl,0}} \sum Res_i^2 \qquad Res_i = r_i + r_0 - \left\| \begin{bmatrix} x \\ y \\ z \end{bmatrix}_{gl,i} - \begin{bmatrix} x \\ y \\ z \end{bmatrix}_{gl,0} \right\| \tag{5.11}$$

2. Berechnung der Zenit-Nulllage und der TI-Orientierung:

Gemäß Gleichungen 2.18 bis 2.22 sowie entsprechend den Definitionen der Koordinatensysteme nach Bild 4.16 gilt für die Koordinatentransformation vom TI-Koordinatensystem ins Maschinenkoordinatensystem Gleichung 5.12. Der Positionswert der Maschine muss dem vom TI gemessenem Wert entsprechen. Dazu werden aus den Distanz- und Winkelmessungen zunächst TI-Basiskoordinaten berechnet und mit Hilfe der TI-Pose in das Maschinenkoordinatensystem transformiert. Hierbei sind die Parameter der TI-Position und der Initiallänge bereits bekannt.

$$\begin{bmatrix} x \\ y \\ z \\ 1 \end{bmatrix}_{gl,i} = \bar{\bar{T}}\left(\alpha, \beta, \gamma, \begin{bmatrix} x \\ y \\ z \end{bmatrix}_{gl,0} \right) \cdot \bar{\bar{T}}\left(0, -\theta_i - \theta_0, \varphi_i, \vec{0}\right) \cdot \begin{bmatrix} r_i + r_0 \\ 0 \\ 0 \\ 1 \end{bmatrix} \tag{5.12}$$

Wiederum wird die Gleichung 5.12 zu einem stark überbestimmten Gleichungssystem zusammengesetzt, als Minimalwertproblem formuliert und numerisch gelöst. Als Optimierungskriterium wird der Residualwert gemäß Gleichung 5.13 minimiert. Die Optimierung wird unter Zuhilfenahme von Winkelwerten durchgeführt, weshalb von einer höheren Unsicherheit des Ergebnisses auszugehen ist als zuvor.

$$min_{\theta_0,[\alpha,\beta,\gamma]^T_{gl,0}} \sum_i Res_i^2 \qquad Res_i = \left\| \begin{bmatrix} x \\ y \\ z \end{bmatrix}_{gl,i,Maschine} - \begin{bmatrix} x \\ y \\ z \end{bmatrix}_{gl,i,TI} \right\| \tag{5.13}$$

Mit den Index-Zusätzen „Maschine“ und „TI“ werden die Koordinaten der Maschinen-Sollposition bzw. die aus den Messwerten des TI berechneten Koordinaten bezeichnet.

Bild 5.17 stellt grafisch die Ergebnisse der beiden vorgestellten Optimierungsrechnungen dar. Während die ermittelten Abweichungen bei der Optimierung der TI-Position und der Initiallängen mit dem Faktor 1000 überhöht dargestellt sind, wurde für die Visualisierung der Abweichung in der Darstellung des Optimierungsergebnisses der TI-Orientierung und der Zenitnulllage ein Überhöhungsfaktor von 100 gewählt. Dies unterstreicht die ungünstigeren Ergebnisse dieser Optimierung aufgrund der niedrigeren Genauigkeit der Grunddaten. Die Nulllage der Zenitachse errechnet sich für das genutzte TI zu 5,65°. Das heißt, der Laserstrahl ist bei einer Zenitachsenstellung von 5,65° orthogonal zur Azimutachse ausgerichtet. Das Koordinatensystem an der Stelle des TI stellt die TI-Orientierung dar. In dem dargestellten Beispiel betragen die TI-Koordinaten im Maschinenkoordinatensystem $[-448\ -555\ -254]^T$ und die TI-Orientierung $[-0.22°\ 0.09°\ 20.4°]^T$.

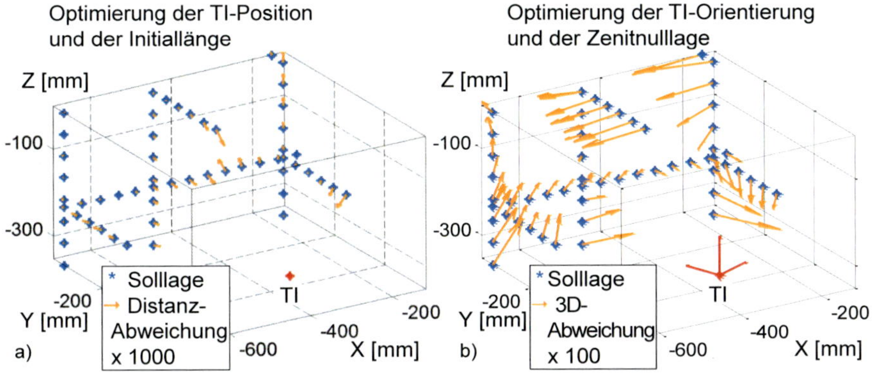

Bild 5.17: Ergebnisse der Optimierungsrechnungen der unbekannten Parameter bei der Ermittlung der Winkelmessgenauigkeit

Results of optimization runs for unknown parameters in determination of angular measurement uncertainty

3. Berechnung der Winkelabweichungen:

Bei bekannter TI-Pose ist die Winkelabweichung die Differenz zwischen dem gemessenen und dem theoretischen Winkel. Bild 5.18a stellt die Unsicherheit der Winkelmessung dar. Der Sollwinkel ist hierbei in Grad angegeben, die Abweichung ist relativ dazu in mm/m zweidimensional dargestellt. Als Beispiel sind die Abweichungen für vier Punkte im Bild angegeben. Sie beträgt maximal 5.9 mm/m, wobei jedoch eine deutliche Regelmäßigkeit festzustellen ist.

Bild 5.18b stellt die Abweichungen der Winkelmessungen im mittleren Kreuz dar. Hierbei ist die Zenitwinkelabweichung für alle Punkte bei einer Zenitwinkellage von ca. 3,9 ° und die Azimutwinkelabweichung für alle Punkte bei einer Azimutwinkellage von ca. 72,4° dargestellt. Zusätzlich ist die statistische Streubreite eingetragen. Hier ist die Regelmäßigkeit der Winkelabweichung sehr deutlich zu erkennen. Sie ist auf eine Abweichung des Achskreuzwinkels zurückzuführen. Die Zenitachse ist hierbei nicht rechtwinklig zur Azimutachse angeordnet. Zuletzt sei darauf hingewiesen, dass in beiden Darstellungen im Bild 5.18 die Azimutachse mit nach rechts abnehmenden Werten dargestellt ist. Dies ist damit begründet, dass die Zenitachse bei der Drehung in mathematisch positive Richtung bei Ausrichtung gegen die Gravitation von rechts nach links dreht. Bild 5.18a entspricht aus Sicht des TI weitgehend Bild 5.17b.

Die statistische Streuung der Winkelwerte ist sehr klein, so dass zur Senkung der systematischen Abweichung eine numerische Korrektur angewendet werden kann. Eine lineare Regression durch die beiden Mittelwertkurven in Bild 5.18b ergibt eine Rechtwinkligkeitsabweichung von θ = 9.87 mRad.

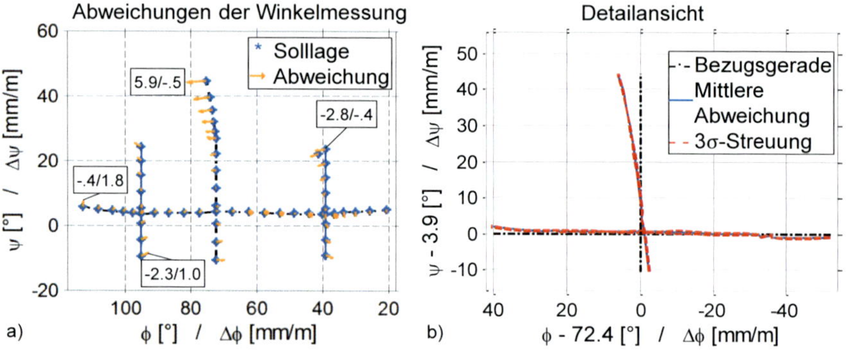

Bild 5.18: Genauigkeit der Winkelmessung

Precision of angle measurement

Da die Azimutachse die erste Bezugsachse des Systems ist, wird der Fehler der Zenitachse angerechnet. Dies bedeutet wiederum, dass abhängig von der Stellung der Zenitachse der Azimutwinkel korrigiert wird. Aus der Nulllage der Drehachsen heraus betrachtet resultiert der Rechtwinkligkeitsfehler der Zenitachse zu einem linearen Fehler von:

$$\Delta y = r \cdot \sin\theta \cdot \sin\psi \qquad (5.14)$$

ψ: *Zenitwinkel* φ: *Azimutwinkel* θ: *Rechtwinkligkeitsfehler*

Dieser Fehler lässt sich mit der Azimut-Achse korrigieren gemäß:

$$\Delta y = r \cdot \sin\Delta\varphi \cdot \cos\psi \qquad \varphi_{korr} = \varphi_{mess} - \Delta\varphi \qquad (5.15)$$

Nach Gleichsetzen der Gleichungen und Umstellen nach dem Azimutwinkel ergibt sich die numerischen Korrektur des Winkelfehlers nach Gleichung 5.16:

$$\psi_{korr} = \psi_{mess} - \psi_0 \qquad \varphi_{korr} = \varphi - asin(\sin\theta \cdot \tan\psi_{korr}) \qquad (5.16)$$

für das vorliegende Gerät gilt: $\psi_0 = 5.65$ ° $\theta = 0.00987$ mRad

Mit der korrigierten Formel wird die Optimierung der TI-Orientierung, die Zenitnulllageberechnung und die Berechnung der Winkelabweichung erneut durchgeführt. Bild 5.19 zeigt die Ergebnisse dieser Rechnung nach numerischer Korrektur. Die Formen der Darstellungen entsprechen Bild 5.17 und Bild 5.18. Es ist eine deutliche Senkung der Messabweichungen zu erkennen. Im Schnitt liegen die Messfehler nach numerischer Korrektur um Faktor 10 unterhalb der nicht korrigierten Messung. Für alle gemessenen Punkte liegen die Messabweichungen nach der Korrektur unterhalb von 1.4 mm/m (Strahllänge) und damit innerhalb der Wunschforderung nach Tabelle 4.1.

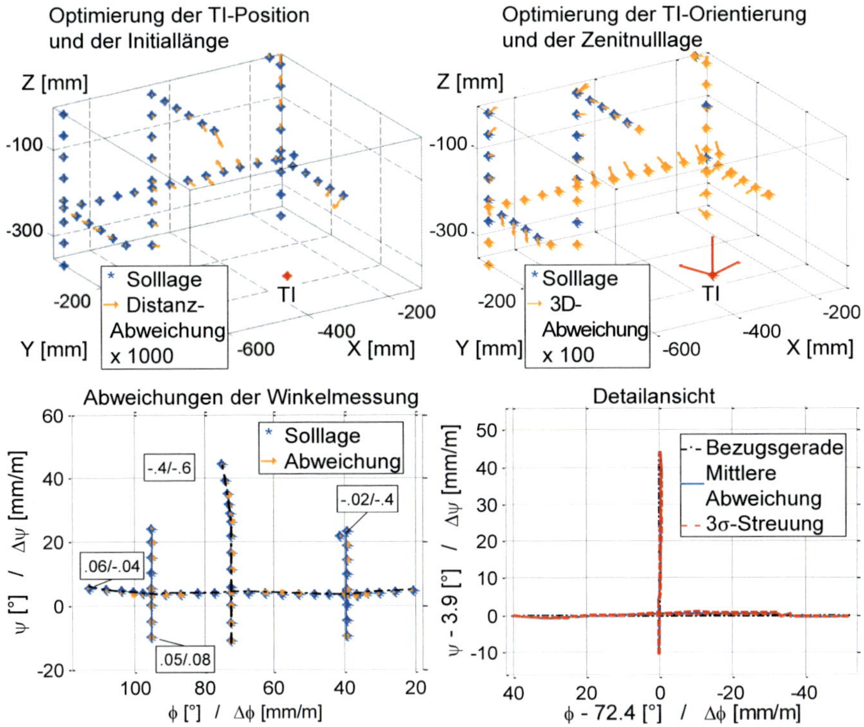

Bild 5.19: Linearer- und Winkelfehler nach numerischer Korrektur der Rotationsachsen

Linear angular measurement error after numerical compensation of rotatory axes

5.1.3 Nicht quantifizierbare Einflussfaktoren

Non-quantifiable influences

Einflussfaktor Mensch

Der Mensch als Einflussfaktor nimmt eine Sonderstellung ein. Eine quantitative Beurteilung liegt außerhalb des Fokus dieser Arbeit. Die grundsätzlichen Zusammenhänge seien jedoch an dieser Stelle erwähnt. Die Leistungsfähigkeit des Menschen und seine Bedienfehler beeinflussen das Messergebnis, das heißt die Qualität und den Zeitbedarf. Die menschliche Leistungsfähigkeit ist auf eine bestimmte Zeit pro Tag beschränkt und sinkt mit zunehmendem körperlichen und geistigen Anspruch und Intensität der Aufgaben. Das Einstrahlverfahren ist so gestaltet, dass auch an schwer zugänglichen Stellen viele Reflektoren auf einmal angebracht werden, wodurch körperlich anstrengende Tätigkeiten, wie zum Beispiel das Hineinklettern in eine Maschine, deutlich reduziert werden. Die korrekte Angabe der Orientierung des Beschleunigungsaufnehmers im Maschinenkoordinatensystem an jedem Strukturpunkt, die über längere Zeit ebenfalls anstrengend sein kann, entfällt. Bei der Vermessung der Werkzeugmaschinengeometrie mit einem Maßband werden Modellkoordinaten bei simplen Kastenstrukturen sehr einfach (im Kopf) aus den gemessenen Abständen berechnet. Optimierung der Handhabbarkeit, Topologieoptimierung und ästhetische Aspekte sind die wichtigsten Treiber, die heute auch bei Werkzeugmaschinen zu einer zunehmend komplizierten, geschwungenen Strukturgeometrie führen. Insbesondere bei diesen komplexen Strukturen kann die Zeiteinsparung durch die Geometrieerstellung mit dem TI signifikant werden.

Das Verteilen und Einmessen der Referenzreflektoren erfordert relativ große Konzentration. Einen zusätzlichen Anspruch gegenüber der Arbeit mit Beschleunigungsaufnehmer stellen die höhere Anzahl der Reflektoren, die Sichtlinienproblematik, der Schutz der Reflektorfläche vor Verschmutzung, der stückweise Aufbau des geometrischen Modells und die Vorgehensweise bei der Umstellung des TI dar. An dieser Stelle kann beim Einstrahlverfahren mit der Softwareunterstützung durch Visualisierung und Softwarelogik zum Fehlerabfang gegengesteuert werden. Bedienfehler werden in den Fallstudien erneut aufgegriffen.

Experten der experimentellen Modalanalyse können diese wesentlich schneller durchführen als Personen mit wenig praktischer Erfahrung auf diesem Gebiet. Zeiteinsparungen bei der Modalanalyse mit dem TI im Einstrahlverfahren durch Lernkurveneffekte, können Mangels bisheriger Erfahrung nicht abgeschätzt werden.

Einflussfaktor Messobjekt

Das Messobjekt hat durch seine Eigenschaften einen entscheidenden Einfluss auf das Messergebnis. Eine allgemeine Typisierung der Messobjekte ist aufgrund ihrer Vielfalt weder möglich noch sinnvoll. In der Gesamtbewertung der Fallstudien werden die besonderen Herausforderungen seitens des Messobjekts herausgestellt.

5.2 Modalanalyse in Fallstudien

Case studies of modal analysis

Die Einflüsse einzelner Faktoren auf das Messergebnis einer Modalanalyse und die Leistungsfähigkeit des jeweiligen Verfahrens wurden im Kapitel 5.1.2 soweit wie möglich separiert und quantifiziert. Die Bewertung des komplexen Zusammenspiels der Einflüsse und die Gesamtbeurteilung können letztendlich nur durch Fallstudien erfolgen. In den folgenden Kapiteln werden drei Fallstudien vorgestellt und eine Gesamtbeurteilung durchgeführt. Soweit möglich werden einzelne Phänomene der Fallstudien auf die benannten nach *5M der Fertigungsmesstechnik* kategorisierten Einflussgrößen zurückgeführt, vgl. auch Bild 5.1.

5.2.1 Grundlagen der Fallstudien

Basics of the case studies

Die folgenden Fallstudien beziehen sich auf das bereits angesprochene Demonstrationsbearbeitungszentrum, eine nicht umhauste und eine umhauste Fahrständer-Fräsmaschine. Damit handelt es sich um Fallstudien an Maschinen ähnlichen Typs jedoch zunehmender Restriktionen aber auch mit zunehmend stärkerem Anwendungsbezug. Das dritte Fallstudienobjekt ist eine vollwertige Produktionsmaschine. In der ersten Fallstudie wurde vor Allem die Gesamtzeit der messtechnischen Untersuchung aufgenommen. In Fallstudien zwei und drei wurde zusätzlich der Zeitbedarf der einzelnen Tätigkeiten gestoppt und beschrieben.

An jedem Fallstudien-Objekt ist eine experimentelle Modalanalyse mit dem modifizierten TI im Einstrahlverfahren und mit einem triaxialen Beschleunigungsaufnehmer bzw. Maßband für die Geometrieerstellung durchgeführt worden. An jedem Punkt wurden Messungen à zwei Sekunden mit einer Mittelungszahl von zehn durchgeführt.

Zunächst findet in jeder Fallstudie ein Zeitbedarfsvergleich und eine –analyse statt. Ein quantitativer Vergleich der ermittelten Schwingungsformen ist in Form von CrossMAC-Matrizen dargestellt (vgl. Kapitel 2.1.1). Strenggenommen zeigen CossMAC-Werte die Übereinstimmung der ermittelten Schwingungsformen und lassen keinen Schluss auf die Korrektheit des einen oder anderen Verfahrens zu. In dieser Arbeit wird jedoch von den Ergebnissen des konventionellen Verfahrens als Referenz ausgegangen.

Die Fallstudien enthalten zunächst eine Beschreibung des Untersuchungsobjektes und seiner Umgebung. Als nächstes werden die Ergebnisse der Untersuchung dargestellt und Unterschiede der Ergebnisse der TI-Messung und der Messung mit Beschleunigungsaufnehmern herausgestellt. Es folgen eine Beschreibung des Ablaufs der (beiden) Untersuchungen und ebenfalls die Beschreibung der Unterschiede. Danach werden die Unterschiede des Ergebnisses und des Ablaufs soweit wie möglich auf die in Bild 5.1 dargestellten Einflüsse zurückgeführt. Die Fallstudien schließen mit einer Zusammenfassung ab.

Fallstudie 1: Demonstrationsbearbeitungszentrum

In der Fallstudie 1 wird ein Demonstrationsbearbeitungszentrum untersucht. In Bild 5.20 ist das Miniaturbearbeitungszentrum in Kreuzbettbauweise mit vertikaler Spindel dargestellt. Es hat eine Gesamthöhe von ca. 800 mm und ist nicht elektrifiziert. Neben den mechanischen Kurbelantrieben der Linearachsen sind Ersatzmassen entsprechend den Elektromotoren von realen Bearbeitungszentren verbaut. In der Z-Achse befindet sich eine Ersatzmasse für die Motorspindel. Zur guten Handhabbarkeit befindet sich am Spindelersatz eine Werkzeugschnittstelle HSK 32.

Bauweise:	Kreuzbett
Achskonfiguration:	wY'bXZ(C)t
Achslängen (X/Y/Z):	ca. 560 / 240 / 200 mm
Werkzeugschnittstelle:	HSK 32
Wälzführungen:	Baugröße 20
Kugelgewindetrieb:	D = 20 mm, P = 5 mm

Bild 5.20: Demonstrationsbearbeitungszentrum
Demonstration machining center

Der Benchmark für das Demonstrationsbearbeitungszentrum fand ohne Umhausung statt, es wurde jeweils eine vollständige Modalanalyse (inklusive Geometrieaufnahme) im Einstrahlverfahren mit dem TI und im konventionellen Verfahren mit einem Beschleunigungsaufnehmer und Maßband durchgeführt. Bild 5.21 zeigt eine Zusammenstellung des Zeitbedarfs für die messtechnische Untersuchung. Die Gesamtzeit ist für beide Verfahren etwa gleich, der Unterschied ist nicht signifikant. Für beide Messungen wurde das gleiche geometrische Modell der Maschine erstellt. Es enthält 68 Knotenpunkte. Bei der klassischen Methode wurde die Geometrie mit Hilfe eines Maßbandes aufgenommen, beim Einstrahlverfahren wird die Geometrieerstellung, wie bereits erwähnt, parallel zur Schwingungsmessung durchgeführt. Die folgenden Ausführungen fassen die Erfahrungen aus dieser Fallstudie zusammen.

Bei der messtechnischen Untersuchung im Einstrahlverfahren erfolgt zu Anfang der Messung eine kurze Planung. Hierbei wird das geometrische Modell grob geplant (ohne Zeichnungen oder Eingaben) die Sichtbarkeit von Punkten geprüft und die Verteilung der Referenzreflektoren bestimmt. Daraufhin folgt die eigentliche Verteilung der Referenzreflektoren, das Aufstellen des TI, das Teach-In der Referenzreflektoren sowie die einmalige Festlegung des Koordinatensystems mit Hilfe von drei Referenzreflektoren.

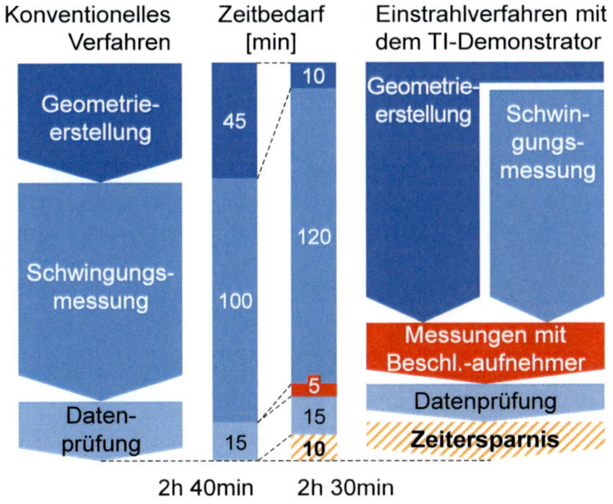

Bild 5.21: Zeitbedarf zur Untersuchung des Demonstrationsbearbeitungszentrum

Time expenditure for investigation of the demonstration machining center

Für diese Fallstudie waren lediglich zwei Messpositionen des modifizierten TI ausreichend. Zwei Strukturknoten ohne Sichtverbindung zu den Messpositionen wurden zeitsparender mit dem Beschleunigungsaufnehmer gemessen. In der Fallstudie wurde mit zehn Messreflektoren gearbeitet. Die 66 mit dem TI vermessenen Knoten wurden in sieben Sätzen (6x10 + 1x6) vermessen. Der letzte Satz der ersten Messposition enthielt ebenfalls volle zehn Reflektoren, weil die von beiden Messpositionen sichtbaren Punkte im vorderen Bereich der Maschine entsprechend verteilt werden konnten.

Bei beiden Verfahren ergaben sich Fehler bzw. Schwierigkeiten. Bei der Datenprüfung des konventionellen Verfahrens mussten die Messrichtungen bei einem Punkt korrigiert werden. Die Fehlerquote in der Fallstudie ist erfahrungsgemäß als relativ gering einzustufen. Das Einstrahlverfahren zeigte beim Anpeilen der Reflektoren zur Schwingungsmessung ca. einen Einlockfehler pro zehn Messreflektoren. In diesem Fall markiert das Messprogramm den aktuellen Reflektor als nicht gemessen und geht zum nächsten weiter. Nach Ende des automatischen Messlaufs startet der Benutzer per Knopfdruck die erneute Messung aller als nicht gemessen markierter Punkte. Die Ursache für die Einlockfehler liegt nach bisheriger Erkenntnis im Wechsel zwischen der Regelungsart der TI-Antriebe. Beim Umschalten zwischen Anpeilen eines Reflektors und dem Folge-Modus wird der Strom der Antriebe für eine kurze Zeit unterbrochen, so dass die Zenitachse absinken kann.

Bild 5.22 stellt die CrossMAC-Matrix der Modalanalyse mit dem TI im Einstrahlverfahren im Vergleich zur konventionellen Modalanalyse mit Beschleunigungsaufnehmern dar. Tabelle 5.3 und Bild 5.23 stellen ausgewählte Moden des Demonstrationsbearbeitungszentrums zusammen. Insgesamt lässt sich ein Absinken der MAC-Werte hin zu hohen Frequenzen erkennen. Bei Moden unter 100 Hz werden meist MAC-Werte von über 90 % erreicht, bis 300 Hz um 80 %. Hochfrequente Eigenformen im Bereich über 500 Hz zeigen MAC-Werte von unter 40 %.

Bei Strukturschwingungen im niederfrequenten Bereich nimmt ein größerer Anteil der Maschinenstruktur an der Schwingungsform teil. Bei Spindelschwingungen sind es teilweise nur noch Strukturknoten am Werkzeugdummy. Aufgrund hoher Unsicherheit der Übertragungsfunktionen an Knoten außerhalb des Werkzeugs bei diesen hohen Frequenzen ergeben sich hier große Unterschiede der Eigenvektoreinträge. In der visuellen Darstellung ist jedoch die Dominanz der Spindelschwingung in den Schwingungsformen bei beiden Untersuchungsmethoden als sehr ähnlich zu erkennen.

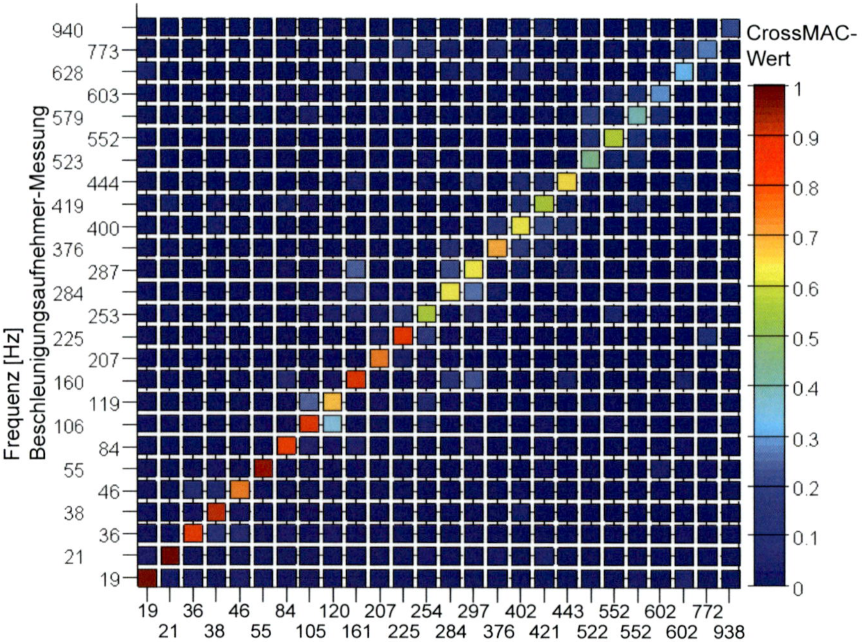

Bild 5.22: CrossMAC-Matrix der experimentellen Modalanalyse des Demonstrationsbearbeitungszentrums ohne Umhausung mit konventionellem und Einstrahlverfahren

CrossMAC-matrix of the experimental modal analysis of the demonstrator machining center without housing with conventional and single beam technique

Insgesamt ist die Übereinstimmung zwischen den Untersuchungsergebnissen als sehr gut zu bezeichnen. Zwar sinken die CrossMAC-Werte bei höheren Moden ab, in der Visualisierung sind die Schwingungsformen jedoch weiterhin ähnlich und die entsprechende Strukturschwachstelle ist weiterhin eindeutig zu identifizieren.

Tabelle 5.3: Eigenmoden des Demonstrationsbearbeitungszentrums; Beschleunigungsaufnehmer: Frequenz f_1, TI: Frequenz f_2

Main eigen modes of the machining center; accelerometer: f_1, TI: f_2

#	Beschreibung	f_1	f_2	CrossMAC
1	Aufstellschwingung in X	19.0	18.9	97 %
2	Aufstellschwingung in Y	21.3	21.3	98 %
3	Schiebeschwingung der Z-Achse	37.9	37.8	95 %
4	Hebe- und Biegeschwingung der Gesamtstruktur	54.7	54.5	91 %
5	Schiebeschwingung des Tisches	105.9	105.1	87 %
6	Drehschwingung des Spindelkastens um Y	160.2	161	84 %
7	Drehschwingung des Tisches um Z	207.2	207.4	75 %
8	Schiebe- und Drehschwingung des Spindelkastens in Z bzw. um X	225.3	225.1	84 %
9	Spindelbiegung um X	376.0	376.4	69 %
10	Ständer- und Bett-Torsion	444.1	443.1	65 %
11	Spindelbiegung um X	628.1	642	32 %
12	Biegen des Spindelkastens um X	773.0	772.4	27 %

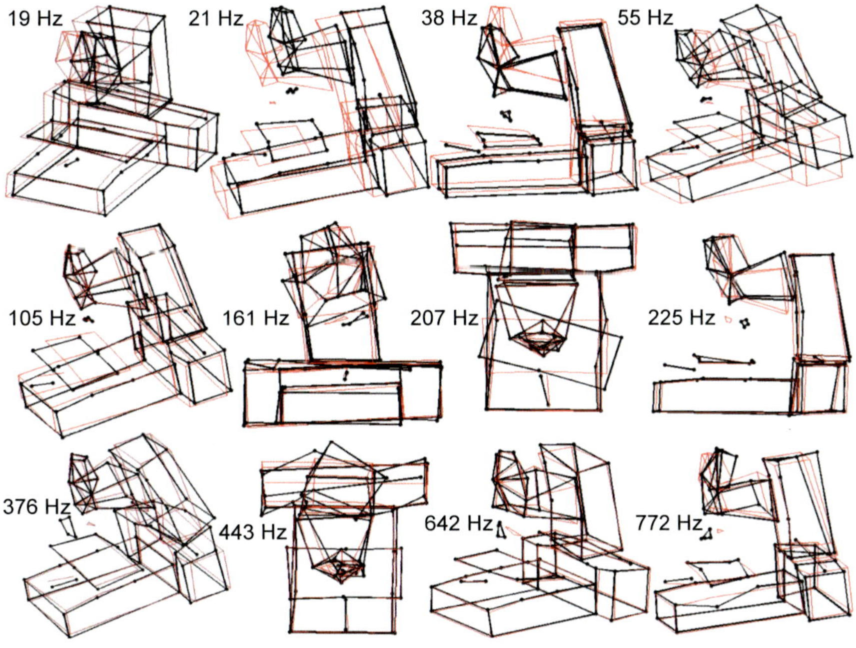

Bild 5.23: Wichtigste Moden des Demonstrationsbearbeitungszentrums aus TI-Daten

Main modes for the demonstrator machining center from TI data

Fallstudie 2: Bearbeitungszentrum ohne Umhausung

In der Fallstudie 2 wird das Bearbeitungszentrum Chiron FZ 18 S untersucht. Bei der in Bild 5.24 dargestellte Maschine handelt es sich um ein mittelgroßes Bearbeitungszentrum mit angetriebener Spindel. Die Maschine ähnelt der in Fallstudie 1 Untersuchten. Sie ist nicht umhaust und besitzt trotz anderer Achskonfiguration eine vergleichbare Struktur. Die besondere Herausforderung der FZ 18 S im Vergleich zum Demonstrationsbearbeitungszentrum ist damit die Strukturgröße. Für die Geometrieerstellung und die Anbringung der Sensoren bzw. der Reflektoren muss der Bediener auf die Maschinenstruktur klettern.

Bauweise:	Fahrständer
Achskonfiguration:	wbXYZ(C)t
Achslängen (X/Y/Z):	ca. 740 / 400 / 425 mm
Werkzeugschnittstelle:	HSK 63A
Wälzführungen:	Baugröße 45
Kugelgewindetriebe:	D = 40 mm, P = 20 mm

Bild 5.24: Bearbeitungszentrum Chiron FZ 18 S ohne Umhausung

Machining center Chiron FZ 18 S without housing

Das Bearbeitungszentrum wurde im Einstrahlverfahren aus zwei Messpositionen vermessen. Das geometrische Modell besteht hierbei aus 88 Knoten. Die Analyse wurde mit neun Reflektoren durchgeführt und erforderte zehn Sätze. Zusätzliche Messungen mit dem Beschleunigungsaufnehmer waren nicht erforderlich. Im Laufe der Untersuchung wurde der Zeitbedarf der einzelnen Tätigkeiten aufgezeichnet.

Bild 5.25 gibt den Zeitbedarf zur Untersuchung des Bearbeitungszentrums wieder. Die Zeit zur Datenprüfung bleibt im Vergleich zum Demonstrationsbearbeitungszentrum konstant. Die Initialzeit zu Anfang der Untersuchung im Einstrahlverfahren verlängert sich etwas – getrieben durch die etwas schwierigere Einschätzung der Sichtbarkeit zur Planung der notwendigen Messpositionen. Dies ist ein Faktor, der sehr stark von der Erfahrung des Bedieners abhängt.

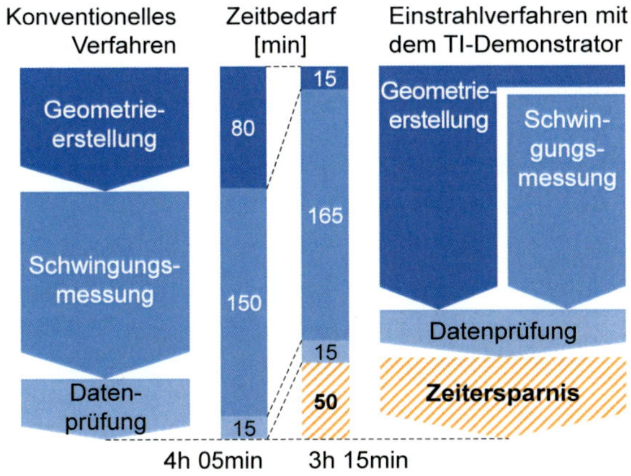

Bild 5.25: Zeitbedarf zur Untersuchung des Bearbeitungszentrums Chiron FZ 18 S

Time expenditure for investigation machining center Chiron FZ 18 S

Die Untersuchungszeit ist gegenüber der Fallstudie 1 vor Allem durch die Zugänglichkeit der Maschine verlängert worden. Zahlreiche Strukturpunkte sind vom Boden für den Bediener nicht mehr erreichbar. Zum Messen muss er auf die Maschine klettern. Beim Setzen von Reflektoren muss der Bediener dies nur ein Mal pro Reflektorsatz tun. Bei Beschleunigungsaufnehmer muss er dies für jeden vom Boden nicht zugänglichen Knotenpunkt, so dass dieser Umstand die konventionelle Untersuchung stärker verlängert.

Der Zeitbedarf zur parallelisierten Geometrieerstellung und Schwingungsmessung steigt etwa proportional an. Einerseits beansprucht die Auf- bzw. Umstellung des TI in Folge der höheren Knotenzahl einen geringeren Zeitanteil, andererseits wird der Zeitbedarf durch das schwierige Anbringen der Reflektoren an den vom Boden nicht zugänglichen Stellen etwas gestreckt.

Bild 5.26 gibt die empirische Verteilungsfunktion der vier mehrfach wiederholten Haupttätigkeiten dieser Untersuchung wieder. Die Unterschiede in der Messzeit sind bedingt durch die bereits besprochenen Einlockfehler. Ein Messlauf mit neun Reflektoren und zwei Einlockfehlern dauerte stets acht Minuten. Die restlichen drei eingezeichneten Stützstellen stehen für einen Messlauf mit einem Fehler, einen Messlauf ohne Fehler und für den letzten Messlauf mit sieben Reflektoren und einem Einlockfehler.

Das Teach-In der Messreflektoren ist sehr schmal verteilt. Unterschiede sind zufälliger Natur. Tendenziell steigt der Teach-In Zeitbedarf leicht mit der Strahllänge, weil das Treffen des Reflektors etwas schwieriger wird. Die Fertigstellung des geometrischen Modells, das heißt, das Ziehen von Linien hängt fast ausschließlich von der Anzahl der zu ziehenden Linien ab und diese nimmt mit der Anzahl der bereits vorhandenen Knoten tendenziell zu. Die höchste Verteilungsbreite im Diagramm weist der Zeitbedarf zur Anbringung der Messreflektoren auf. Diese Zeit hängt stark von der Zugänglichkeit der Strukturknoten ab. Stellen am Maschinentisch und in Werkzeugnähe, die von außerhalb der Maschine erreicht werden können, verursachen hierbei weniger Aufwand als Punkte, für die der Bediener auf bzw. in die Maschine klettern muss. Der aufgezeichnete Zeitbedarf bezieht sich auf das Umsetzen der Reflektoren, das heißt, das Lösen von den vorherigen Positionen und das Anbringen an den nächsten.

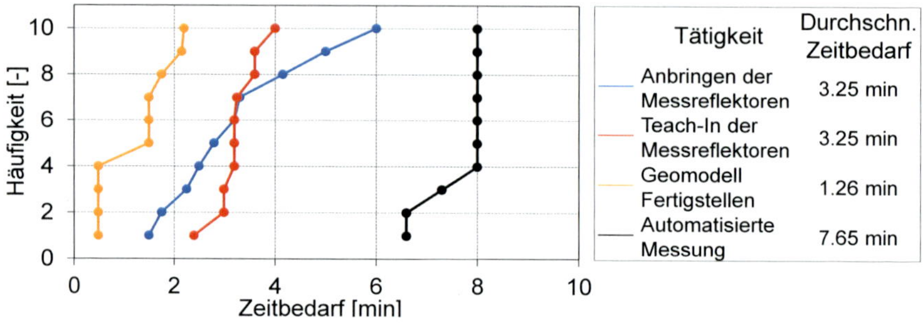

Bild 5.26: Verteilungsfunktion des Zeitbedarfs für einzelne Tätigkeiten bei der messtechnischen Untersuchung des Bearbeitungszentrums Chiron FZ 18 S

Empirical distribution function of time expenditure of individual task during the metrological investigation of the machining center Chiron FZ 18 S

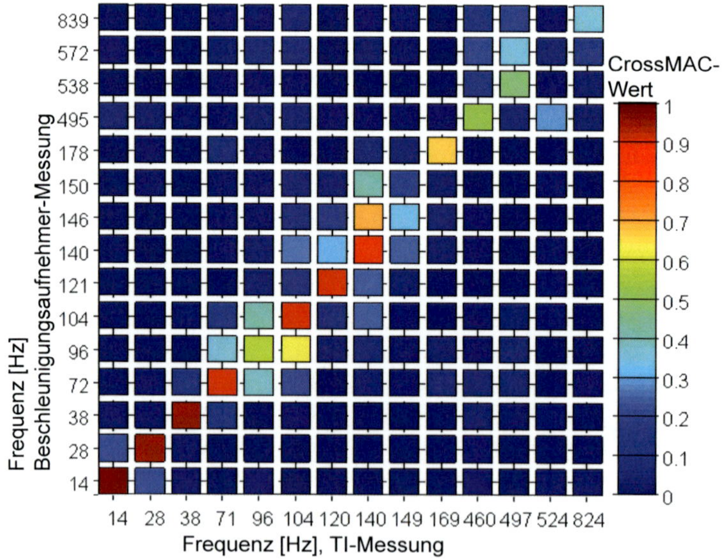

Bild 5.27: CrossMAC-Matrix der experimentellen Modalanalyse des Bearbeitungszentrums gemessen mit konventionellem und Einstrahlverfahren

CrossMAC-matrix of the experimental modal analysis of the machining center with conventional and single beam technique

Bild 5.27 stellt die CrossMAC-Matrix der Modalanalyse mit dem TI im Einstrahlverfahren im Vergleich zur konventionellen Modalanalyse mit Beschleunigungsaufnehmern dar. Tabelle 5.4 und Bild 5.28 stellen die wichtigsten Moden des Bearbeitungszentrums Chiron FZ 18 S dar. Bei Moden bis 140 Hz werden MAC-Werte von über 80 %, bei niedrigeren Frequenzen über 90 % erreicht. Mit steigender Frequenz sinken die MAC-Werte, bei Spindeleigenformen im Bereich über 500 Hz bewegen sich die MAC-Werte nur noch um ca. 40 %.

Wie in Fallstudie 1 erörtert, ist der Anteil der schwingenden Struktur bei hochfrequenten Schwingungsformen sehr klein. Die mathematische Approximation der in diesem Frequenzbereich mit hoher Unsicherheit ermittelten Übertragungsfunktionen an den an der Schwingungsform nicht beteiligten Strukturknoten führt zu großen zufälligen Abweichungen der Eigenvektorkomponenten, so dass die CrossMAC-Werte hier sehr niedrig sind. In den Visualisierungen sind die Spindelschwingungsformen jedoch als ähnlich zu erkennen.

Tabelle 5.4: Wichtigste Eigenmoden des Bearbeitungszentrums gemessen mit dem Beschleunigungsaufnehmer (Frequenz f_1) und dem TI (Frequenz f_2)

Main eigen modes of the machining center (accelerometer: f_1, TI: f_2)

#	Beschreibung	f_1	f_2	CrossMAC
1	Aufstellschwingung in Y	13.8	13.7	97 %
2	Schiebeschwingung des Fahrständers in Y	28.3	28.1	95 %
3	Aufstellschwingung, Kippen um Y	38.4	38.2	95 %
4	Drehung des Fahrständers mit Spindelstock um Z um die Z-Führungen	71.5	71.2	90 %
5	Ständerkippen mit Spindelkasten um Y	95.7	95.6	57 %
6	Spindelkastendrehung um Y in den Z-Führungen	104.1	104.2	90 %
7	Spindelmotor-Kippen um X	120.5	120.1	89 %
8	Spindelmotor-Kippen um Y	139.5	139.6	85 %

Insgesamt ist die Übereinstimmung der ermittelten Strukturschwingungsformen zwischen den beiden Verfahren als sehr gut zu bezeichnen. Im Bereich der Spindelschwingung bei einem sehr geringen Partizipationsgrad der Struktur an der Schwingungsform sinkt die Übereinstimmung deutlich ab. Die Strukturschwachstellen bleiben jedoch eindeutig identifizierbar.

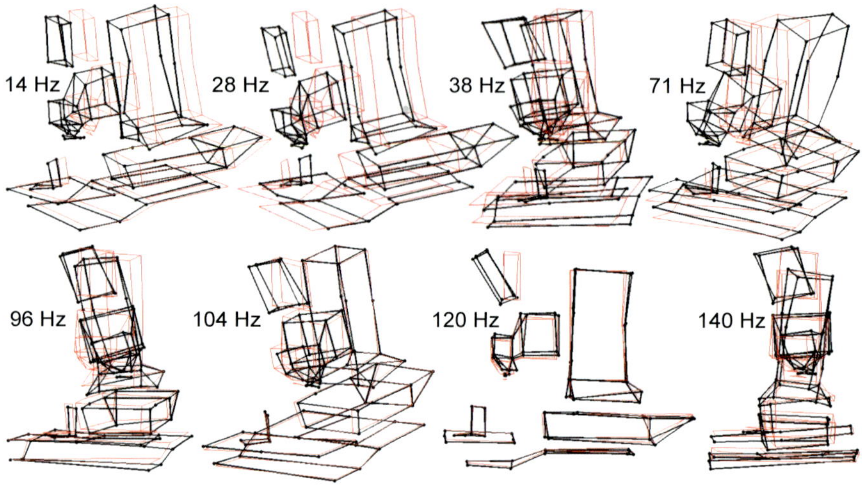

Bild 5.28: Wichtigste Moden des Bearbeitungszentrums aus TI-Daten

Main modes for the machining center from TI data

Folgende Fehler bzw. Schwierigkeiten in der Untersuchung dieser Maschine ergaben sich: Für das konventionelle Verfahren wurden die Messrichtungen bei drei Punkten korrigiert. Der Beschleunigungsaufnehmer wurde magnetisch angebracht, musste jedoch an allen Messstellen von der Maschine elektrisch isoliert werden um annehmbare Ergebnisse zu erzielen. Das Einstrahlverfahren zeigte beim Anpeilen der Reflektoren zur Schwingungsmessung durchschnittlich knapp zwei Einlockfehler pro Satz aus neun Messreflektoren.

Fallstudie 3: Bearbeitungszentrum mit Umhausung

In der Fallstudie 3 wird das Bearbeitungszentrum Chiron FZ 22 S untersucht, Bild 5.29. Achsaufbau und Größe sind dem Bearbeitungszentrum Chiron FZ 18 S ähnlich. Die Maschine ist jedoch umhaust und für Produktionszwecke voll ausgestattet. Die Umhausung stellt die besondere Herausforderung dar. Das Innere der Werkzeugmaschine ist wie bei Maschinen in der Produktion mit Öl verschmutzt. Dies ist für das optische Verfahren eine zusätzliche Herausforderung.

Bauweise:	Fahrständer
Achskonfiguration:	wbXYZ(C)t
Achslängen (X/Y/Z):	ca. 750 / 425 / 425 mm
Werkzeugschnittstelle:	HSK 63A
Wälzführungen:	Baugröße 45
Kugelgewindetriebe:	D = 40 mm, P = 20 mm

Bild 5.29: Bearbeitungszentrum Chiron FZ 22 S mit Umhausung
Machining center Chiron FZ 22 S with housing

Das geometrische Modell besteht aus 71 Knoten. Die Maschine wurde im Einstrahlverfahren aus zwei Positionen mit neun Reflektoren bei acht Sätzen vermessen. Ein Strukturpunkt wurde mit einem Beschleunigungsaufnehmer aufgenommen.

Bild 5.30 gibt den Zeitbedarf zur Untersuchung des Bearbeitungszentrums wieder. Die Zeit zur Datenprüfung verlängert sich bei dem konventionellen Verfahren gegenüber den anderen beiden Fallstudien, weil die Korrekturzeit für die fehlerhafte Richtungsangabe an drei Messstellen durchgeführt werden musste. Die Initialzeit zu Anfang der Untersuchung im Einstrahlverfahren verlängert sich wesentlich – getrieben durch die schwierigere Einschätzung der Sichtbarkeit zur Planung der notwendigen Messpositionen und Aufstellorte der Referenzreflektoren. Der Zeitbedarf zur parallelisierten Geometrieerstellung und Messung liegt bezogen auf die Punktemenge leicht über dem Wert der anderen Fallstudien – getrieben durch die erschwerte Zugänglichkeit und die ölige Umgebung. Der Zeitbedarf für die konventionelle Geometrieerstellung ist aufgrund der eingeschränkten Sicht und Zugänglichkeit der Maschine leicht gestiegen. Die Zeit zur Schwingungsmessung mit Hilfe des Beschleunigungsaufnehmers ist trotz der geringeren Knotenzahl im Vergleich zur Fallstudie 2 gestiegen. Die schwierige Zugänglichkeit und der körperliche Anspruch beim Setzen der einzelnen Reflektoren spiegeln sich in dieser Erhöhung wieder.

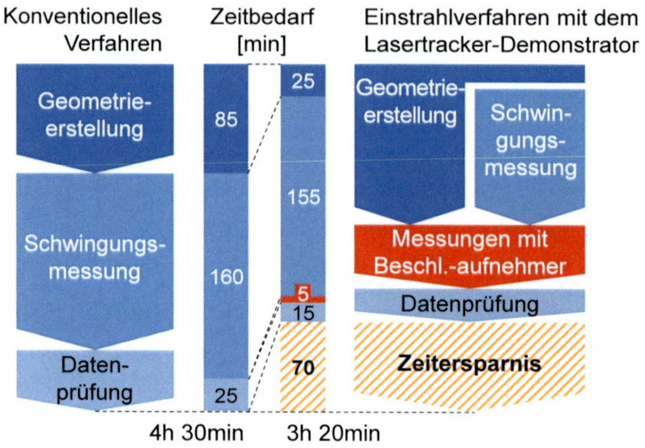

Bild 5.30: Zeitbedarf zur Untersuchung des Bearbeitungszentrums Chiron FZ 22 S

Time expenditure for investigation machining center Chiron FZ 22 S

Bild 5.31 gibt die empirische Verteilungsfunktion der vier Haupttätigkeiten wieder. Die Unterschiede in der Messzeit und der Fertigstellung des geometrischen Modells sind analog zu den anderen Fallstudien zu erklären. Der Verlauf des Graphen des Zeitbedarfs zur Anbringung der Messreflektoren wird durch das Anbringen der Messreflektoren an die von außerhalb der Maschine nicht erreichbaren Messstellen, die beengten Platzverhältnisse in der Maschine und wegen des Öls rutschige Trittstellen deutlich über das Maß der Fallstudie 2 in die Breite gezogen. Die Verteilung des Zeitbedarfs für das Teach-In der Messreflektoren ist wesentlich breiter als in Fallstudie 2, weil die Korrektur der Reflektoren (d. h. leichtes Versetzen, bei Sichtschwierigkeiten und Reinigen bei Verschmutzung) hierunter fallen.

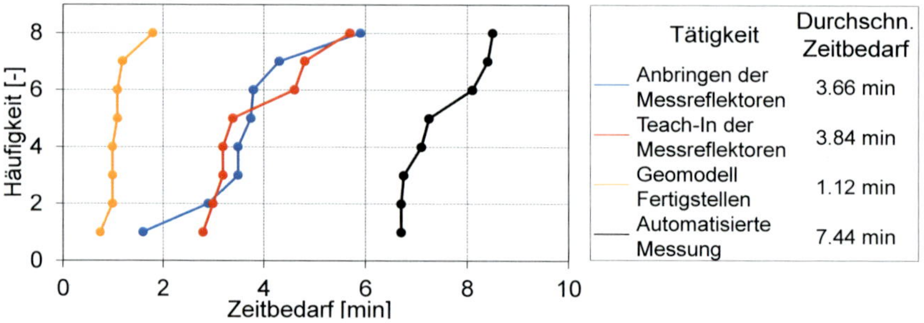

Bild 5.31: Verteilungsfunktion des Zeitbedarfs für einzelne Tätigkeiten bei der messtechnischen Untersuchung des Bearbeitungszentrums Chiron FZ 22 S

Empirical distribution function of time expenditure of individual task during the metrological investigation of the machining center Chiron FZ 22 S

Bild 5.33, Bild 5.34 und Tabelle 5.5 stellen die wichtigsten Moden des Bearbeitungszentrums Chiron FZ 22 S dar. In Bild 5.32 ist die entsprechende CrossMAC-Matrix dargestellt. Bis 500 Hz werden CrossMAC-Werte von über 70 % erreicht. Mit steigender Frequenz sinken die MAC-Werte aus besprochenen Gründen. Im Bereich zwischen 80 Hz und 90 Hz werden mit den beiden Verfahren unterschiedliche schwingungsformen identifiziert. Die beiden Eigenfrequenzen liegen hier dicht beieinander. Geringe Unterschiede in den Messergebnissen an einzelnen Strukturpunkten können beim Fitting dazu führen, dass Schwingungsanteile deutlich unterschiedlich auf die Nachbarmoden aufgeteilt werden. Dies führt zu deutlichen Unterschieden der Eigenvektoren und in Folge zu geringen CrossMAC-Werte. Dieser Abfall der CrossMAC-Werte ist nur teilweise der Messung und stärker dem Fitting zuzuordnen.

Die Übereinstimmung der Strukturschwingungsformen ist bis in den hohen Frequenzbereich sehr gut. Die Identifikation der Strukturschwachstellen ist auch bei hochfrequenten Spindelschwingungen möglich.

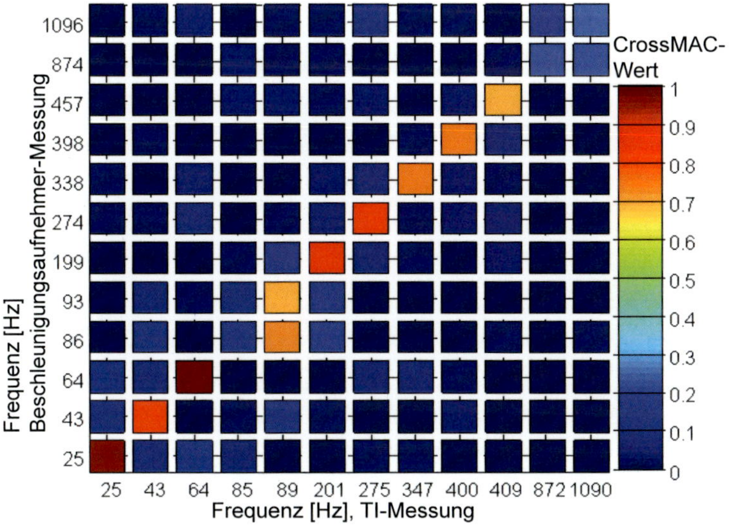

Bild 5.32: CrossMAC-Matrix der experimentellen Modalanalyse des Bearbeitungszentrums mit konventionellem und Einstrahlverfahren

CrossMAC-matrix of the experimental modal analysis of the machining center

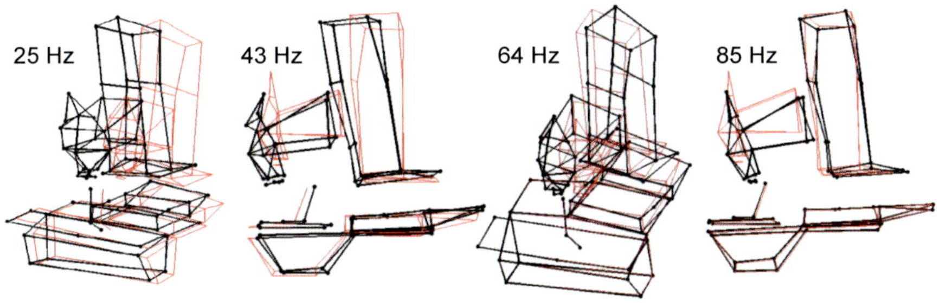

Bild 5.33: Wichtigste Moden des Bearbeitungszentrums (Teil 1)

Main modes for the machining center (part 1)

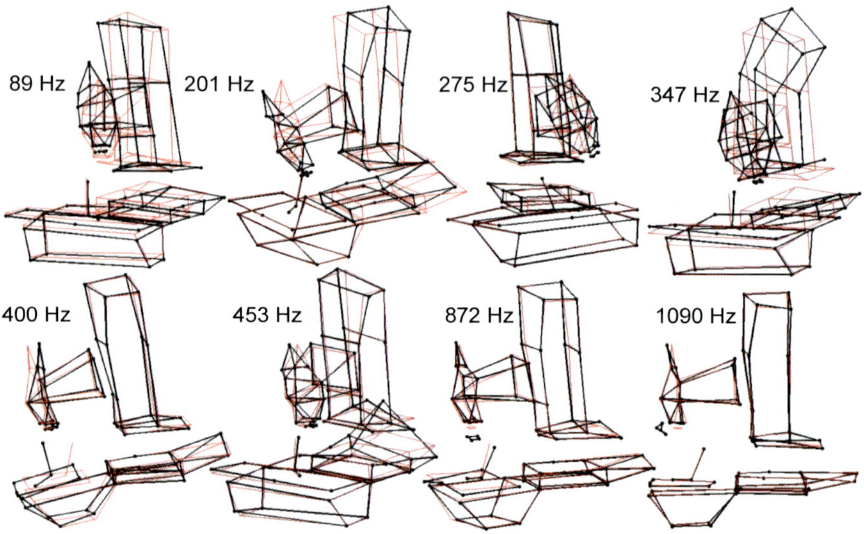

Bild 5.34: Wichtigste Moden des Bearbeitungszentrums (Teil 2)

Main modes for the machining center (part 2)

Tabelle 5.5: Wichtigste Eigenmoden des Bearbeitungszentrums gemessen mit dem Beschleunigungsaufnehmer (Frequenz f_1) und dem TI (Frequenz f_2)

Main eigen modes of the machining center (accelerometer: f_1, TI: f_2)

#	Beschreibung	f_1	f_2	CrossMAC
1	Aufstellschwingung, Kippen um Y	25.4	25.3	97 %
2	Kippen des Ständers um X	42.4	42.6	80 %
3	Drehen des Ständers mit dem Kreuzschlitten um Z	63.8	63.7	98 %
4	Kippen des Ständers um X mit Schieben entlang Y	85.6	85.4	73 %
5	Ständerkippen um Y mit Schieben entlang X	92.9	88.7	69 %
6	Relatives Kippen der Z-Achse gegen den Fahrständer mit leichter Bettbiegung	198.9	200.9	85 %
7	Drehen der Z-Achse um X	274.0	274.9	82 %
8	Fahrständer-Biegen und Kreuzschlittenkippen um Y	338.0	346.8	75 %
9	Torsion der Rückseite des Kreuzschlittens	397.6	400.0	74 %
10	Torsion des Fahrständers und des Kreuzschlittens, Drehung der Z-Achse um Y	456.5	452.8	70 %
11	Spindelschieben Axial	874.1	872.1	22 %
12	Spindelbiegung um X	1096	1090	24 %

5.2.2 Gesamtbewertung
Summary and evaluation

In den drei dargestellten Fallstudien wurde die Gesamtfunktionalität der Modalanalyse im Einstrahlverfahren mit Hilfe des entwickelten TI-Demonstrators getestet und mit der konventionellen Methode der Modalanalyse mit einem Beschleunigungsaufnehmer verglichen.

Bei der Modalanalyse im Einstrahlverfahren konnten Zeiteinsparungen erreicht werden. Mit zunehmender Anforderung seitens des Messobjekts werden die Zeiteinsparungen größer. Die beiden wichtigsten Zeittreiber sind hierbei die Erstellung des geometrischen Modells mit Hilfe von Maßband im konventionellen Verfahren und die Anbringung der Reflektoren bzw. des Sensors an schwer zugänglichen Stellen in der Maschine. In allen drei Fallstudien wurden lediglich zwei Messpositionen des modifizierten TI verwendet. Die nicht sichtbaren Strukturknoten (maximal zwei in Fallstudie 1) wurden mit Beschleunigungsaufnehmern vermessen.

Eine weitere Steigerung der bisher erreichten Zeitersparnis scheint nach bisheriger Erkenntnis möglich. Die wichtigsten hierfür notwendigen bisher noch nicht hergestellten Voraussetzungen sind Folgende:

- Die Minimierung der Einlockfehlerrate durch Anpassung der Regelungsarten der TI-Achsen, der Anfahrstrategie beim Anpeilen von Reflektoren oder durch Gewichtsausgleich der Zenitachse.
- Durch Lerneffekte sind weitere zum Teil erhebliche Einsparungen der Messzeit zu erwarten.
- Durch eine deutliche Steigerung der Reflektoranzahl scheint eine weiter Reduktion der Messzeit möglich.
- Die Parallelisierung der Anbringung von Messreflektoren mit der vollautomatischen Messung.

PSD-Messungen zeigen im Vergleich mit Beschleunigungsaufnehmern geringere Kohärenzen im mittleren und hohen Frequenzbereich. Für eine Verbesserung der Messergebnisse muss das Rauschniveau der PSD gesenkt werden (vgl. Kapitel 5.1.1). Die Qualität der Übertragungsfunktionen im einstelligen Herz-Bereich war dagegen wesentlich besser als bei Beschleunigungsaufnehmern. Eine gesonderte Studie zur Ermittlung des quasistatischen Verhalten bei Strukturen, die aufgrund der niedrigen ersten Eigenfrequenzen nicht mit Beschleunigungsaufnehmern untersucht werden können, und gegebenenfalls zur Ermittlung des statischen Verhaltens von Strukturen unter Berücksichtigung von Nichtlinearitäten, scheint nach den Erkenntnissen dieser Fallstudien interessant.

Die Fallstudien lassen weitere qualitative Aussagen zum Einflussfaktor *Mensch* auf das Messergebnis zu. Die Aussagen sind naturgemäß subjektiv. Bei der konventionellen Methode wächst mit dem steigenden Anspruch der Messaufgabe die Fehlerrate der Richtungsangaben. Der Zeitbedarf zur nachträglichen Korrektur der Richtungen blieb relativ gering. Der letztgenannte Umstand ist nicht zuletzt der großen

Erfahrung des Bedieners und den „einfachen“ Schwingungsformen im unteren Frequenzbereich zuzuschreiben. Die notwendige hohe Konzentration zur fortlaufenden korrekten Angabe der Sensorausrichtung ist dagegen spürbar ermüdend. Beim Einstrahlverfahren ist das Setzen der Reflektoren, die keine Richtungsangaben benötigen, wesentlich einfacher. Im konventionellen Verfahren ist die Anbringung des Beschleunigungsaufnehmers an Strukturpunkten, die vom Boden außerhalb der Maschine nicht zugänglichen sind, in Folge des wiederholten auf die Maschine Kletterns körperlich anstrengend. Das Anbringen der Reflektoren an den gleichen Stellen fällt dagegen kaum auf, weil jeweils ein ganzer Satz an Reflektoren umgesetzt wird. Als anspruchsvoll ist bei der Untersuchung im Einstrahlverfahren der Initialaufwand zur Planung der Messpositionen des TI und zur Platzierung der Referenzreflektoren zu bezeichnen. Hierbei muss sowohl die Sichtbarkeit beachtet als auch die Verteilung der Referenzreflektoren angestrebt werden, die ein gut konditioniertes Gleichungssystem zur Berechnung der TI-Posen liefern.

Zusammenfassend lässt sich Folgendes aussagen:

- Im Einstrahlverfahren mit dem TI-Demonstrator wurden gegenüber dem konventionellen Verfahren in den Fallstudien deutliche Zeiteinsparungen erzielt. Weitere Einsparungen sind möglich.
- Das entwickelte Verfahren ist für umhauste Werkzeugmaschinen geeignet.
- Es ist körperlich weniger anstrengend und liefert im quasistatischen Bereich wesentlich bessere Ergebnisse als Messungen mit Beschleunigungsaufnehmern.
- Für eine zeiteffiziente Messung im Einstrahlverfahren müssen gegebenenfalls wenige Punkte mit Beschleunigungsaufnehmern nachgemessen werden.
- Die Modalanalyse im Einstrahlverfahren liefert etwas schlechtere Ergebnisse im mittleren und hohen Frequenzbereich als das konventionelle Verfahren mit Beschleunigungsaufnehmern.
- Bei der Messung von einfachen Strukturen mit wenigen Punkten wird das Einstrahlverfahren einen höheren Zeitbedarf aufweisen als das konventionelle Verfahren.

Das Einstrahlverfahren für die Modalanalyse mit dem modifizierten Tracking-Interferometer erweist sich gegenüber der Modalanalyse mit Beschleunigungsaufnehmern als schneller und deutlich anwenderfreundlicher. Bei Strukturen mit komplexerer Geometrie und größeren Abmessungen können die Vorteile des Einstrahlverfahrens weiter zunehmen, weil die Geometrieerstellung mit dem TI einfacher und die Anbringung von Reflektoren in Sätzen körperlich weniger anstrengend und schneller ist. Gegenüber der Modalanalyse mit Beschleunigungsaufnehmern erfordert das TI stets eine Sichtverbindung. Weiterhin ist der Initialaufwand der Untersuchung höher, weil das im Vergleich zu den Beschleunigungsaufnehmern große Gerät aufgestellt und das Koordinatensystem des Untersuchungsobjekts sowie Referenzreflektoren eingelernt werden müssen. Des Weiteren sind die Systemkosten des modifizierten TI gegenüber einem kleinen Messsystem unter Verwendung von Beschleunigungsaufnehmern wesentlich höher. Mit steigender Systemgröße, das heißt insbesondere steigender Anzahl der Beschleunigungsaufnehmer und Kanalzahl des Aufnahmegerätes, können die Kosten beider Systeme ähnlich werden. Außerdem steigt die Systemkomplexität bei Beschleunigungsaufnehmer-Systemen stärker als die des TI-Systems mit steigender Reflektorzahl. Das System auf Basis von Beschleunigungsaufnehmern ist jedoch flexibler.

3D-LDV wurden in der vorliegenden Arbeit nicht in den Benchmark gezogen. Generell lässt sich sagen, dass das TI bei offenen Strukturen wesentlich langsamer als das 3D-LDV ist und bei der Untersuchung von dünnwandigen Strukturen wegen der notwendigen Anbringung der Reflektoren das Verhalten des Untersuchungsobjekt im Gegensatz zum berührungslos messenden 3D-LDV verfälschen kann. Eine Messung mit dem 3D-LDV ist nicht an beliebigen technischen Oberflächen möglich. Bei stark reflektierenden (z. B. öligen) oder stark strukturierten (teilweise bei Guss) Oberflächen macht die notwendige Vorbehandlung bzw. das Anbringen der Reflexionsfolie die Vorteile des 3D-LDV teilweise zunichte. Die Systemkosten des TI sind nach dem heutigen Stand etwa um den Faktor 5 bis 7 geringer als die des 3D-LDV. Der Installationsaufwand des TI als Einzelgerät am Untersuchungsobjekt ist deutlich niedriger. Die Anforderungen an einen Sichtkorridor sind ebenfalls wesentlich geringer, so dass durch Öffnungen in der Umhausung gemessen werden kann, was für das 3D-LDV nicht immer möglich ist. Da die Messergebnisse bei Winkeln zwischen den drei Strahlen des 3D-LDV nahe 0 ° bzw. nahe 180 ° aus geometrischen Gründen schlechter werden, können bei der Untersuchung von besonders langen Strukturen z.B. von Rotorblättern für Windanlagen weitere Restriktionen durch die Versuchshallen entstehen. Für die Einhaltung eines günstigen Winkelbereiches an allen Messpunkten können für das 3D-LDV ein großer Abstand zum Messobjekt oder mehrere Aufstellorte entlang des Objekts nötig sein. Dies trifft für das Einstrahlverfahren nicht zu.

Das Einstrahlverfahren mit dem Tracking-Interferometer positioniert sich zwischen der flexiblen, kostengünstigen und langsamen Untersuchung mit Hilfe der Beschleunigungsaufnehmer und dem schnellen, hoch automatisierten, jedoch teuren und gegenüber der Messumgebung und dem Messobjekt anspruchsvollen 3D-LDV.

Fazit

In dem vorliegenden Kapitel 4 wurden der Nachweis der aufgestellten Hypothesen erbracht. Im Kapitel 5.1 wurden Einflussfaktoren aufgestellt und ihre Wirkung auf das Einstrahlverfahren quantifiziert. Somit wurde bestätigt, dass Hypothese I unter typischen Bedingungen von Produktionshallen gilt. Im Kapitel 5.2 wurden in Fallstudien das konventionelle Verfahren der Modalanalyse mit Beschleunigungsaufnehmern und Maßband mit dem Einstrahlverfahren verglichen. Das Einstrahlverfahren zeigte hier Vorteile, womit die Hypothese II belegt wurde. Die einzelnen Unterkapiteln beantworten die Forschungsfragen sechs bis acht.

6 Zusammenfassung und Ausblick

Die experimentelle Modalanalyse ist heute ein wichtiger Bestandteil in der Entwicklung und Optimierung von Produkten. Ihr Einsatz erstreckt sich über sehr viele Branchen vom Bauwesen über Maschinenbau bis hin zur Medizintechnik. Die beiden etablierten Untersuchungsmethoden nutzen Beschleunigungsaufnehmer bzw. 3D-scanning-LDV. In dieser Dissertation wurde das Einstrahlverfahren und eine Methode zur Durchführung der Modalanalyse mit diesem Verfahren entwickelt. In einer Studie der einzelnen Einflüsse auf die Leistungsfähigkeit sowie in drei Fallstudien an Werkzeugmaschinen wurden die Vorteile des Verfahrens und der Methode herausgestellt.

Das Kapitel 2 dieser Arbeit stellt den *Stand der Technik* für die Schwingungsmessung und Modalanalyse sowie für Laser-Tracking-Interferometer (TI) und die allgemeine Geometriemessung zusammen. Im Kapitel *Schwingungsmessung und Modalanalyse* werden zunächst die mathematischen Grundlagen dargestellt, Einsatzgebiete und Ziele klassifiziert und erläutert, der zeitliche Aufwand bei der Modalanalyse auf einzelne Phasen heruntergebrochen, sowie eine Zusammenstellung der Messgeräte, ihrer Einsatzbereiche und ihrer Vor- und Nachteile erstellt. Das Kapitel *Geometriemessung mit Laser-Tracking-Interferometern* werden zunächst die TI, ihr Aufbau und ihr Einsatzgebiet erläutert. Es folgt eine gesonderte Betrachtung der positionssensitiven Diode und die Darstellung der grundlegenden mathematischen Beziehungen für geometrische Transformationen.

Aus dem Stand der Technik folgt, dass eine deutliche Steigerung der Effizienz bei der Durchführung von experimentellen Modalanalysen an teilumhausten Objekten dringend wünschenswert aber mit etablierten Systemen nicht zu leisten ist. Das TI weist jedoch das Potential für die Weiterentwicklung zu einem neuartigen Messsystem auf, mit dem die experimentelle Modalanalyse an teilumhausten Objekten bei angepasster teilautomatisierter Messmethode effizient durchgeführt werden kann.

Die Weiterentwicklung des TI für die Messung der Strukturdynamik und die Entwicklung eines teilautomatisierten Messverfahrens für die Erstellung von experimentellen Modalanalysen sind Ziele dieser Arbeit. Im Kapitel 4 findet die Entwicklung und in Kapitel 5 die Untersuchung der Leistungsfähigkeit statt.

Die Entwicklung gliedert sich nach Messmethode und Messgerät. Die Messmethode trennt zunächst die Geometriemessung und die Schwingungsmessung. Für die Geometriemessung werden die Winkelinformationen der beiden Drehachsen des TI und die *time-of-flight*-basierte Absolutdistanzmessung zur Bestimmung der Position der zu vermessenden Strukturpunkte verwendet. In der Schwingungsmessung werden die Vibration eines an der Struktur befestigten Reflektors mit einem Laserstrahl dreidimensional simultan erfasst. Die 3D-Schwingungsmessung wird in diesem sogenannten *Einstrahlverfahren* in Laserstrahlrichtung interferometrisch und in der hierzu orthogonalen Ebene mit Hilfe einer positionssensitiven Diode durchgeführt. Die Ablaufmethode sieht eine manuelle Anvisierung (*Teach-In*) der an der untersuchten Struktur verteilten Reflektoren vor, wodurch die Geometrieerstellung teilautomatisiert erfolgt und die anschließende Vermessung der Strukturdynamik vollautomatisch. Die Effizienz des Verfahrens durch die Automatisierung und die Parallelisierung der Geometrieerstellung und der Schwingungsmessung wird herausgestellt und Lösungsansätze für teilumhauste Systeme, die Messungen aus unterschiedlichen Messpositionen erfordern, skizziert.

Aus dieser detaillierten Beschreibung des Sollzustands werden Anforderungen an das Gerät und die softwaretechnische Unterstützung der Methode abgeleitet. Die Hardware des Grundgerätes wird weiterentwickelt. Die generelle Fähigkeit der hochdynamischen Schwingungsmessung wird überprüft und die grundlegenden Algorithmen werden aufgestellt. In der Softwareentwicklung stellt diese Arbeit die besonderen Anforderungen der Methode an die Software heraus und konzentriert sich auf die Unterstützung des Ablaufs der Untersuchung im Einstrahlverfahren.

Das Kapitel *Untersuchung der Leistungsfähigkeit* stellt in einem Ursache-Wirkungsdiagramm der *5M der Fertigungsmesstechnik* die Einflussgrößen auf die Qualität und den Zeitbedarf der neuen Modalanalysemethode zusammen. Anschließend werden die einzelnen Einflussgrößen auf die Schwingungsmessung und auf die Geometrieerstellung untersucht. In diesem Kapitel wird der Nachweis für die Leistungsfähigkeit und die Robustheit des entwickelten Verfahrens auch gegen äußere Einflüsse erbracht.

Die Arbeit schließt mit drei Fallstudien an verschiedenen Werkzeugmaschinen ab. Hierin werden Modalanalysen an der jeweiligen Maschine im konventionellen Verfahren mit einem Beschleunigungsaufnehmer und im Einstrahlverfahren mit dem TI durchgeführt und der Verlauf der Untersuchung sowie die Ergebnisse verglichen. Mit diesen Fallstudien wird eine Bestätigung der hinreichenden Leistungsfähigkeit der Gesamtmethode unter realistischen Randbedingungen geliefert und die Vorteile herausgestellt.

In dieser Arbeit wurde das Einstrahlverfahren und eine Methode zur Durchführung der Modalanalyse mit diesem Verfahren erstellt. Mit Hilfe eines entwickelten TI-Demonstrators wurden die Vorteile der Methode gegenüber dem heutigen Stand der Technik aufgezeigt. Damit sind die beiden im Kapitel *Aufgabenstellung und Zielsetzung* aufgestellten Forschungshypothesen bestätigt.

Ausblick

Die vorliegende Arbeit beschäftigt sich mit der Modalanalyse im Einstrahlverfahren mit dem TI. Sie ist ein erster Versuch in einem neuen Forschungsfeld. Mit diesem Vorstoß ist das Einstrahlverfahren und die entsprechende Modalanalysemethode geschaffen sowie eine erste Demonstration der Leistungsfähigkeit des Messgeräts in Studien und anhand der Fallbeispiele erbracht worden. Die Grenzen der Leistungsfähigkeit und der Anwendungsbreite sind hiermit jedoch noch nicht erreicht. Weiterhin weisen das Verfahren und die Methode noch großes bisher nicht ausgeschöpftes Potential auf, das unter mehreren Anwendungsgesichtspunkten interessant erscheint.

Eine interessante Stoßrichtung für zukünftige Arbeiten ist die Exploration des Anwendungsbereiches:

- In Bezug auf den Werkzeugmaschinenbau bleibt die Frage, wie gut sich die Methode für andere Maschinen eignet; mögliche Dimensionen sind Achsaufbau, Größe, Steifigkeit, Umhausung. Außerhalb dieses Gebietes ist die Anwendung im Fahrzeugbau, der Luftfahrt und dem Bau möglich. Die Eignung für die Betriebsschwingungsanalyse ist selbst in Ansätzen noch nicht abgesteckt.
- In einer Reihe von Anwendungsfällen ist einer langsamen Makrobewegung eine Vibration überlagert. Im Anwendungsbeispiel der Betriebsschwingungsanalyse von Windrädern wird in aktuellen Forschungsarbeiten durch Sensorkombination die Vibration des Rotorblattes auf seine Winkelposition bezogen. Ein ähnlicher Anwendungsfall liegt z.B. bei Pressen, Stanz-, Stoß- oder Hobelmaschinen vor. Das Einstrahlverfahren könnte hier eine integrierte Lösung bieten.
- Die Ursachenfindung für statische Schwachstellen bleibt bei Werkzeugmaschinen eine Herausforderung. Die vielfach angewendete Quasistatikanalyse mit Beschleunigungsaufnehmern ist einerseits auf Maschinen beschränkt, die bei fünf ggf. bei zehn Hertz noch quasistatisches Verhalten aufweisen bzw. deren erste Resonanz typischerweise bei mindestens 15 bis 20 Hz liegt. Andererseits erlaubt die Quasistatik-Auswertung im Frequenzbereich nicht die Lokalisierung von Losen, Hysteresen und sonstigen Nichtlinearitäten. Die statische Verformungsanalyse im Einstrahlverfahren wäre daher ein interessantes Thema einer folgenden Arbeit.

Die Bildung des CrossMAC zur Bewertung der Modalanalyseergebnisse in dieser Arbeit hat die Messungen mit Beschleunigungsaufnehmern als Referenz angesetzt. Zur korrekten Beurteilung der Güte der messtechnischen Untersuchung ist in nachfolgenden Arbeiten gegebenenfalls ein Vorgehen mit zwei Messsystemen unter Hinzunahme der Simulation angebracht.

Summary and Outlook

The experimental modal analysis is today an essential part of development and optimization process of products. The employment of this technique extends over many different industries such as civil and mechanical engineering as well as medicine technologies. The two most established investigation methods use accelerometers and 3D-scanning-LDVs. Within this dissertation, the single beam measurement technique and a method to carry out experimental modal analyses using this technique are developed. A study of individual influencing parameters as well as three cumulative case studies of machine tools emphasize the advantages of the developed measurement technique and the modal analysis method.

Chapter 2 of this work presents the *state of the art* for vibration measurement and modal analysis as well as for laser tracking-interferometers (TIs) and general geometry measurement. The subchapter *vibration measurement and modal analysis* describes the basic mathematic equations, illustrates and classifies areas of application and objectives, depicts the overall time expense and time distribution for individual work phases of experimental modal analysis. An overview of measurement devices and their main areas of application as well as advantages and disadvantages are summarized. The chapter *geometry measurement using TIs* starts with a general description of TI design and areas of application. A particular analysis of position sensitive devices (PSD) and representation of basic mathematic equations for geometric transformation are given.

The state of the art reveals the established systems to lack potential for considerable improvement of performance efficiency of modal analysis procedure on partially housed objects. It also demonstrates an urgent need for technical development of efficient modal analysis methods for such objects. The TI shows the potential to be developed into a novel measurement system, that can be used with a suitable partly automated investigation method for efficient experimental modal analyses of partially housed structures.

The development of the TI into a measurement device for structural dynamics and the development of a partly automated investigation method for experimental modal analysis are the main objectives of this research work. Chapter 4 concentrates on the development and chapter 5 on the investigation of performance of the developed measurement technique, investigation method and the demonstrator device.

The development chapter is divided into two parts: 1) Development of the measurement technique and investigation method, 2) Development of the demonstrator device. The investigation method distinguishes the vibration and the geometric measurement technique. For geometry modeling the method uses angle information of the TI rotatory axes and a time-of-flight based absolute distance measurement unit to determine position of structure points. For vibration determination the measurement of structure attached reflectors is measured simultaneously in three dimensions with a single laser beam. This so called *single beam technique* uses an interferometer for measurement in beam direction and a position sensitive device for two dimensional in-plane measurement orthogonally to the beam. The investigation procedure starts with a manual teach-in task that consists of aiming distributed reflectors with the laser beam that provides the information of the structure geometry. The following vibration measurement of taught-in reflectors is carried out automatically. The higher efficiency of this investigation method achieved through automation and parallelization of geometry modeling and vibration measurement is demonstrated. Additionally, the investigation procedures for partially housed structures that require measurements from different direction are outlined.

Starting with this characterization of the target state, demands on the device and the software support for the method are derived. The hardware of a conventional TI is adapted and complemented in a way that the general capability of highly dynamic vibration measurement is achieved. This capability is examined and basic method specific algorithms are developed. The subchapter software development emphasizes on particularities of modal analysis using the single beam technique in contrast to conventional methods and concentrates on the support of the outlined measurement procedure.

The chapter *performance investigation* summarizes the main influencing parameters on the novel method's performance in a cause-effect-diagram. The following subchapters analyze the effects of individual factors on vibration measurement and geometry modeling. This chapter proves the robustness of the developed technique.

The research work closes with three case studies on different machine tools. These case studies consist of a modal analysis of each machine using the conventional and the novel method. The procedures are analyzed and compared. These case studies provide a confirmation of the sufficient performance of the investigation method under realistic boundary conditions and show the advantages of the novel method.

In this research the *single beam measurement technique* and an *investigation method* for conducting experimental modal analysis with this technique are developed. A demonstrator measurement device is built based on a classical TI and is used to demonstrate the advantages of the developed method over the todays state of the art.

Outlook

The presented work deals with experimental modal analysis using the single beam technique and a tracking-interferometer. This is a first assay within a new research area. This attempt creates the single beam technique and the corresponding modal analysis method and it demonstrates the performance in a cause-effect study and case studies. The limits of performance have not yet been reached and the areas of application have not been fully elucidated yet. The measurement technique and the investigation method show further unexplored potential that seems to be of great interest under different aspects.

An interesting attempt for future works is the exploration of the area of application:

- Concerning machine tools the question of how well suited the method is for investigation of significantly different machines remains open. Possible dimensions to structure these investigations are axes configuration, size, stiffness, housing. Beyond the area of production equipment the application for automotive, airspace and construction industries seems possible. The system suitability of operational modal analysis has not yet been investigated.
- In some application the vibration is superimposed to a relatively slow long stroke movement. In the example of operational deflection analysis of wind turbines, current research work concentrates on multi-sensor based correspondence of blade vibration state to its angular position. Forming, sheet cutting and hobbing machines carry out processes of a similar kinematic. The single beam technique may provide a simple integrated solution for these applications.
- The investigation of static weak points remains a challenge for machine tools. The widely used quasi-static analysis with accelerometers is limited to machines that show quasi-static behaviour up to about 10 Hz which corresponds to the first resonance frequency of at least 15 Hz or 20 Hz. Additionally the quasi-static analysis in frequency domain does not allow for identification and localization of clearances, hysteresis and other non-linearities. The static deformation shape analysis using the single beam technique may be an interesting topic for following research.

The calculation of the crossMAC for evaluation of modal analysis results was applied in this work by taking the accelerometer results as reference. Following works may employ a procedure with two measurement devices and simulation results for an unbiased evaluation of a metrological investigation.

7 Literaturverzeichnis

References

[AHLB92] Ahlborn, D.: *Meß- und Parameterfehler bei der Modalanalyse von Maschinen*, Diss. Universität Hannover, 1992

[ALLD94] Alldieck, J.: *Simulation des dynamischen Schleifprozessverhaltens*, Diss. RWTH Aachen, 1994

[ALLE03] Allemang, R.: *The Modal Assurance Criterion – Twenty Years of Use and Abuse*, Sound and Vibration, August, 2003

[ALLE88] Allemang, R.J. ; Brown, D.L.: *Experimental Modal Analysis and Dynamic Component Synthesis. Bd. 5. Universal File Formats.* Projektbericht: AFWAL-TR-87-3069, Defense Technical Information Center, 1988

[APIS13] N.N.: *API product specifications, Omnitrac2*, Firmenschrift API Automated Precision Inc., 2013

[ASME B89.4.19] ASME B89.4.19-2006 Standard - *Performance Evaluation of Laser-Based Spherical Coordinate Measurement Systems*

[AURI09] Aurich, J.C.; Biermann, D.; Blum, H.; Brecher, C.; Carstensen, C.; Denkena, B.; Klocke, F.; Kröger, M.; Steinmann, P.; Weinert, K.: *Modelling and simulation of process-machine interaction in grinding*, Prod. Eng. Res. Devel. Bd. 3, 2009, S. 111–120

[BANW12] Banwell, G.; Roberts, J.; Mohr, S.; Rothberg, J.: *Identifying the Modes Excited in a Tennis Racket by a Forehand Drive*, in: Allemang, R., De Clerk, J., Niezrecki, C., Blough, J.: Proceedings of the 30th IMAC. (Reihe: Conf. Proc. of the Society for Experimental Mechanics, Bd. 31), New York: Springer-Verlag 2012, S. 649-655

[BRAN11] Brandt, A.: *Noise and Vibration Analysis*, Chichester: Wiley, 2011

[BREC09] Brecher, C., Esser, M., Witt, S.: *Interaction of Manufacturing Process and Machine Tool*, CIRP Annals, Jg. 58/2, 2009, S. 588 - 612

[BREC11] Brecher, C.; Klein, W.; Seiler, M.; Bäumler, S.: *Experimentelle und simulative Strukturoptimierung an Werkzeugmaschinen am Beispiel eines Mehrspindel-Bohrportals*, VDI-Z Integrierte Produktion Bd. 153, 2011, S. 1 – 2

[BREC11a] Brecher, C.; Denkena, B.; Großmann, K.; Steinmann, P.; Bouabid, A.; Heinisch, D.; Hermes, R.; Löser, M.: *Identification of weak spots in the metrological investigation of dynamic machine behaviour* in: Prod. Eng. Res. Devel. Bd. 5, 2011, S. 679- 689

[BROW79] Brown, D.; Allemang, R., Zimmerman, R.; Megeay, M.: *Parameter Estimation Techniques for Modal Analysis*, SAE Technical Paper 790221, 1979

[BRUN78] Bruning, J.: *Fringe scanning interferometers*, in: Malacara, D.: Optical Shop Testing, 2. Auflage. New York: John Wiley and Sons, 1978, S. 409 – 437

[CHAP02] Chapman, M.: *Heterodyne and homodyne interferometry*, Firmenschrift Renishaw plc, Eigendruck, 2002

[CHEN00] Chen, F.; Brown, G.; Song, M.: *Overview of three-dimensional shape measurement using optical methods*, Optical Engineering, Bd. 39, 2000, S. 10 - 22

[CREA88] Creath, K.; Wolf, E.: *Phase-measurement interferometry techniques.* (Reihe: Progress in optics, Bd. XXVI). Elsevier science publishers 1988, S. 351-391

[DENK13] Denkena, B.; Hollmann, F. (Hrsg.): *Process Machine Interactions*, (Reihe: Lecture Notes in Production Engineering), Berlin: Springer-Verlag, 2013

[ECKS87] Eckstein, R: *Beurteilung der statischen Last- Verformungseigenschaften von Werkzeugmaschinen mit Hilfe der quasistatischen Meßtechnik*, Dissertation RWTH Aachen, 1987

[EMAM05] Emamian, M.; Busch, M.; Mikhailov, S.; Gavrilov, N.: *Alignment of the booster injector for the duke free electron laser storage ring*, Proceedings of 2005 Particle Accelerator Conference, 2005, S. 2786 - 2788

[EWIN00] Ewins, D.J.: *Modal Testing, Theory, Practice and Application*, Baldock: Research Studies Press, 2000

[FARO12] N.N.: *FARO® Lasertracker Vantage, Technische Spezifikationen*, Firmenschrift FARO Technologies, Inc., 2012

[FOLK93] Folkerts, W.: *Dynamische Prozeßkennwerte des Schleifens und deren Einfluß auf das Prozeßverhalten*, Dissertation RWTH Aachen, 1993

[FUEL12] Füldner, M.: *MEMS, Inertialsensoren für innovative Applikationen in der Medizintechnik*, Tagungsband der 16. GMA/ITG-Fachtagung Sensoren und Messsysteme, AMA Service, 2012, S. 17 - 28

[GEBH11] Gebhard, P.: *Dynamisches Verhalten von Werkzeugmaschinen bei Anwendung für das Rührreibschweißen*, Dissertation TU München, 2011

[HABE05] Haberstok, C.: *Die Holographische Modalanalyse*, Dissertation TU München, 2005

[HAMA90] N.N.: *Large Area PSD Series, Technical Data*. Hamamatsu Photonics K. K., Firmenschrift, Japan, 1990.

[HANN07] Hannig, S.: *Analyse, Modellierung und Simulation des dynamischen Verhaltens beim spitzenlosen Einstechschleifen*, Dissertation RWH Aachen University, 2007

[HECH89] Hecht, E.: *Optik*. Addison-Wesley Publishing Company, 1989

[HENN98] Hennes, N.: *Analyse des dynamischen Verhaltens von Längsschleifprozessen*, Dissertation RWTH Aachen, 1998

[HEYL06] Heylen, W.; Lammens, S.; Sas, P.: *Modal Analysis Theory and Testing*, Eigendruck, Katholieke Universiteit Leuven, 2006

[HOFF67] Hoffmann, W.: *Bestimmung der Frequenzgänge von Übertragungssystemen an Werkzeugmaschinen mit Hilfe der Systemtheorie für regellose Vorgänge*, Dissertation RWTH Aachen 1967

[HOHM71] Hohmann, P.: *Untersuchung über die Erhöhung der Auflösung, über die Phasenmessung und über den Einfluß von Klirrfaktoren und starken Schallfeldern bei der interferometrischen Messung von Schwingungsamplituden*, Dissertation TU Braunschweig, 1971

[HUTC76] Hutcheson, L.D.: *Practical Electro-Optic Displacement Measurements System,* Optical Engineering (Reihe: SPIE Proceedings) Band 15, Art. 1., Bellingham: Wash, 1976, S. 61-63

[IMAC12] Proulx, T. (Hrsg.): *Proceedings of the 30th IMAC.* (Reihe: Conf. Proc. of the Society for Experimental Mechanics, Bd. 26-31), New York: Springer-Verlag 2012

[ISMA12] Sas, P., Moens, D., Jonckheere, S. (Hrsg): *Proc. of ISMA2012-USD2012*, CD-Rom, Eigenproduktion KU Leuven 2012

[ISO 230-2] Test code for machine tools. Part 2: Determination of accuracy and repeatability of positioning numerically controlled axes. ISO 230-2:2006

[JATZ11] Jatzkowski, P.: *Ressourceneffiziente Kalibrierung von 5-Achs-Werkzeugmaschinen mit Tracking-Interferometern*, Dissertation, RWTH Aachen University, 2011

[JONE83] Jones, R.; Wykes, C.: *Holografie and Speckle Interferometry*, Cambridge University Press, 1983

[KASC44] Kaschirin, A.: *Исследование вибраций при резании металлов*, (russ: [Issledovanie vibrazij pri resanii metallov] *Erforschung von Vibrationen bei der Metallzerspanung*), Moskau: Verlag der Akademie der Wissenschaften der UdSSR, 1944

[KIEH84] Kiehl, W.: *Die Biegelinienanalyse – ein Verfahren zur Schwachstellenlokalisierung*, VDI – Fortschrittberichte Reihe 11, Nr. 56, Düsseldorf: VDI – Verlag, 1984

[KIHL04] Kihlman, H.; Albin, S.; Loser, R.; von Arb, K.; Cooke, A.: *Metrology-integrated Industrial Robots – Calibration, Implementation and Testing*, Proceedings of the 35th ISR (International Symposium on Robotics), 2004

[KIRC89] Kirchknopf, P.: *Ermittlung modaler Parameter aus Übertragungsfrequenzgängen*, IWB Forschungsberichte Band 20, Berlin: Springer 1989

[KIST10] Kistler Gruppe: *PiezoBeam®-Miniatur-Beschleunigungssensor Typ 8688A…*, Produktbroschüre, Kistler Gruppe, DokNr. 8688A_000-843d-03.10, 2010

[KLOT87] Klotz, N.: *Beurteilung des statischen und dynamischen Verhaltens von Umfangsschleifmaschinen*, Dissertation RWTH Aachen, 1987

[KNIE07] Kniel, K.: *Ein Beitrag zur Entwicklung eines laserinterferometrischen Trackingsystems für die Genauigkeitssteigerung in der Koordinatenmesstechnik*. Dissertation, TU Ilmenau, 2007

[KOHL96] Kohlrausch, F.: *Praktische Physik*. (Bd. 2), 2. Aufl. Stuttgart: Teubner Verlag, 1996

[KUMA12] Kumar, U.V.; Schmitz, T.L.: *Spindle dynamics identification for Receptance Coupling Substructure Analysis*, Precision Engineering, Vol. 36, Issue 3, 2012

[LAUK86] Lau, K.; Hocken, R.J.; Haight, W.C: *Automatic laser tracking interferometer system for robot metrology*. Precision Eng., Bd. 8/1, 1986, S. 3 – 8

[LAUK87] Lau, K.; Hocken, R.: *Three and five axis laser tracking systems*, Schutzrecht US 4,714,339, eingereicht 28.02.1986, veröffentlicht 22.12.1987

[LEIC08] N.N.: *Leica Absolute Tracker ASME B89.4.19-2006 Specifications*, Firmenschrift Leica Geosystems AG, 2008

[LEWI98] Lewin, A.: *Optischer Aufbau zur berührungslosen Schwingungsmessung*, Schutzrecht DE 198 01 959 A1, eingereicht 21.01.1998, veröffentlicht 22.07.1999

[LOEH12] Loehe, J.; Zaeh, M., Roesch, O.: *In-Process Deformation Measurement of thin-walled workpieces*, procedia CIRP 1, 2012, S. 546 - 551

[LOON74] van Loon, P.: *Modal Parameters of Mechanical Structures*, Dissertation, K. U. Leuven, Belgien, 1974

[LUHM10] Luhmann, Th.: *Nahbereichsphotogrammetrie : Grundlagen, Methoden und Anwendungen*, 2. Aufl. Berlin: Wichmann Verlag 2010

[MAIA98] Maia, N.; Silva, J. (Hrsg.): *Theoretical and Experimental Modal Analysis*, Baldock: Research Studies Press, 1998.

[MÄKY00] Mäkynen, A.: *Position-sensitive devices and sensor systems for optical tracking and displacement sensing applications*, Dissertation, University of Oulu, 2000

[MALO09] Maloney, S.; Traynor, R.: *Modal Testing of a Soprano pan using a 3D Laser Doppler Vibrometer*, NAG/DAGA 2009 International Conference on Acoustics, Rotterdam, 23 – 26 March 2009

[MANO11] Manoharan, D.: *Aktive Systeme zur Leistungssteigerung von Fräsprozessen*, Dissertation, RWTH Aachen University, 2011

[MILB95] Milberg, J.: *Werkzeugmaschinen-Grundlagen*, 2. Aufl. Berlin: Springer-Verlag, 1995

[MITC82] Mitchel, L.D.: *Improved Methods for Fast Fourier Transform (FFT) Calculation of the Frequency Response*, J. of Mechanical Design, Bd. 104/2, 1982, S. 277 – 279

[NEBE95] Nebeling, H.; Noll, R.; Ostendarp, H.; Sellhorst, M.; Weck, M.: *Modalanalyse mit Holografie – ein Verfahren zu hochauflösenden berührungslosen Analyse von Schwingungsformen*, Fortschr.-Ber. VDI Reihe 8 Nr. 532. Düsseldorf: VDI-Verlag, 1996

[NIEM11] Nieminen, V.; Tervonen, M.: *Modal testing and FE-model validation of azimuthing thruster*, in: Proulx, Th.: Proceedings of the 29th IMAC, Linking Models and Experiments, Bd. 2. (Reihe: Conf. Proc. of the Society for Experimental Mechanics), New York, Springer-Verlag 2011, S. 1 – 18

[OLIV09] Oliver, D.E.: Tutorial: *3D Scanning Vibrometry for Structural Dynamics Measurements*. Präsentation bei 27th IMAC, Orlando, 9. - 12. Februar 2009. Gesehen 30.01.2012 http://www.sem.org/PDF/Oliver_3D%20Scanning%20Vibrometry.pdf

[OPIT71] Opitz, H.: *Schwingungen an spanenden Werkzeugmaschinen*, Aachener VDW-Konstrukteur-Arbeitstagung 1971, Werkzeugmaschinenlabor der RWTH Aachen, Eigendruck, 1971

[OSIO10] N.N.: *PSD Characteristics, OSI Optoelectronics*, Firmenschrift, 2010. Gesehen: 14.04.2013 http://www.osioptoelectronics.com/application-notes/AN-Position-Sensing-Photodiodes.pdf

[OSIO13] N.N.: *Duo-Lateral, Super Linear PSD's*, Datenblatt, OSI Optoelectronics, Gesehen: 8.07.2013
url: www.osioptoelectronics.com/Libraries/Product-Data-Sheets/Tetra-Lateral-Linear-Photodiodes.sflb.ashx

[OSIO13a] N.N.: *Tetra-Lateral PSD's*, Datenblatt, OSI Optoelectronics, Gesehen: 8.07.2013
url: www.osioptoelectronics.com/Libraries/Product-Data-Sheets/Duo-Lateral-Linear-Photodiodes.sflb.ashx

[PARK03] Park, S.S.; Altintas, Y.; Movahhedy, M.: *Receptance coupling for end mills*, Int. J. of Machine Tools & Manufacture, 43, 889 - 896, 2003

[PFEI10] Pfeifer, T.; Schmitt R.: *Fertigungsmesstechnik*. 3. Aufl. München: Oldenbourg-Verlag 2010

[PING09] Pingle, P.; Sailhamer, J.; Avitabile, P: *Comparison of 3D Laser Vibrometer and Accelerometer Frequency Measurements*, Proceedings of the IMAC-XXVII, Orlando, 9. – 12. Februar 2009

[POIN02] Poincaré, H.: *La science et l'hypothèse*, Paris, 1902. Originaltext online, gesehen: 10.12.2013
url: www.ebooksgratuits.com/html/poincare_science_hypothese.html

[POLY09] N.N.: *PSV-400-3D scanning vibrometer, Datenblatt,* Firmenschrift, Polytec GmbH, 2009

[POLY12] N.N.: *PSV-500-3D scanning vibrometer, Datenblatt,* Firmenschrift, Polytec GmbH, 2012

[PROE81] Prößler, E.: *Experimentell – rechnerische Analyse von Maschinenschwingungen*, Fortschrittberichte VDI – Z, Reihe 1, Nr. 36. Düsseldorf: VDI-Verlag, 1981

[REHL65] Rehling, E.: *Entwicklung und Anwendung elektrohydraulischer Wechselkrafterreger zur Untersuchung von Werkzeugmaschinen*. Diss. RWTH Aachen, 1965

[REZA11] Rezaei, M. M.; et. al.: *Extending the inverse receptance coupling method for prediction of tool-holder joint dynamics in milling*, J. of Manufacturing Processes, Vol. 14, Issue 3, 2011

[ROCK87] Rocklin, G.T., Crowley, J.; Vold, H.: *A comparison of H1, H2, and Hv frequency response functions*, Proc. 3rd int. modal analysis conference, Orlando, Januar, 1985

[SCHM05] Schmitz, T.L.: Scott Duncan, G.: *Three-Component Receptance Coupling Substructure Analysis for Tool Point Dynamics Prediction*, J. of Manufacturing Science and Engineering, ASME, 2005

[SCHM09] Schmitt, R.; Jatzkowski, P.; Schwenke, H.; Warmann, C.: *Advances in the error mapping of machine tools and coordinate measurement machines (CMMs) by sequential multilateration*, Proceedings of the 9th LAMDAMAP, West London: Brunel University, 2009, S. 452-461

[SCHÜ71] Schüßler, H.: *Die Eignung von Laserstrahl und photoelektrischen Detektoren zur Messung der Abweichung von Geradlinigkeit und Ebenheit im Maschinenbau*. Dissertation RWTH Aachen, 1971

[SCHÜ90] Schüßler, H.: Measurement of Straightness deviations by Means of a Laser Beam with multiple Position Sensitive Photodetectors. IMEKO Symposium on Measurement and Inspection in Industry by Computer Aided Metrology, Ungarn, 1990

[SCHW99] Schwenke, H.; Wendt, K.: *Verfahren zur Ermittlung geometrischer Abweichungen von Koordinatenmeßgeräten und Werkzeugmaschinen*, Schutzrecht DE 000019947374 A1, eingereicht 1.10.1999, veröffentlicht, 3.05.2001

[SHAN49] Shannon, C.E.: *Communication in the presence of noise*, Proc. of the IRE, Bd. 37, S. 10-21, 1949, Neudruck in: Proc. Of the IEEE, Bd. 86/2, S. 447-457, 1998

[SMDT85] Schmidt, H.: *Resolution bias errors in spectral density, frequency response and coherence function measurements, III*: Application to second-order systems (white noise excitation), J. of Sound and Vibration, Bd. 101/3, 1985, S. 377 – 404

[STEE83] Steel, W.H.: *Interferometry*. 2. Aufl. Cambridge University Press, 1983

[STEF54] Stefaniak, H.: *Beitrag zur Theorie der selbsterregten Schwingungen*, Maschinenmarkt 60, Nr. 50/51, S. 37-44, 1954

[SWAR09] Swartz, A.; Zimmerman, A.; Lynch, J.; Brady, Th.; Rosario, J.; Salvino, L.; Law, K.; *Wireless Hull Monitoring Systems for Modal Analysis of Operational Naval Vessels*, Proceedings of the IMAC-XXVII, Society for Experimental Mechanics Inc., 2009

[THIE87] Thieme, W.: *Schwingungen sichtbar gemacht: rechnergestützte Qualitätskontrolle und Bauteiloptimierung mit holographischen Verfahren*, Maschinenmarkt, 1987, S. 85-88

[TIET12] Tietze, U.; Schenk, C.; Gramm, E.: *Halbleiter-Schaltungstechnik*. 14. Auflage. Berlin: Springer-Verlag, 1993

[TLUS56] Tlustý, J.; Poláček, M.; *Theorie über das Entstehen von Eigenschwingungen bei der Bearbeitung sowie Berechnung der Steifigkeit spanabhebender Werkzeugmaschinen*, Stanki i Instrument, Nr. 3/4, 1956

[TLUS62] Tlustý, J.; Poláček, M.; Daňek, O.; Spaček, L.: *Selbsterregte Schwingungen an Werkzeugmaschinen*, Berlin: VEB Verlag Technik,1962

[TOBI56] Tobias, S.; Fishwick, W.: *Eine Theorie des regenerativen Ratterns an Werkzeugmaschinen*, der Maschinenmarkt 62, Nr. 17, S. 15-22, 1956

[TOEN84] Tönshoff, H.; Kiehl, W.; Bohao, S.: *Modalverlagerungsvektoren beschreiben Relativverhalten in der Wirkstelle*, VDI-Z 126, Nr. 18, S. 657 – 662, 1984

[TOEN92] Tönshoff, H.; Ahlborn, D.: *Statistische Sicherheit bei der Modalanalyse von Werkzeugmaschinen*, Engineering Research, Jg. 1992, H. 58 Nr.1/2, S. 1 - 5.

[VDI04] Link, M. (Hrsg.): *Modalanalyse und Identifikation*, VDI-Schwingungstagung 2004, VDI-Berichte 1825, Düsseldorf: VDI-Verlag 2004.

[VDI12] Nichtred, M. (Hrsg.): 3. *VDI-Fachtagung Schwingungen von Windenergieanlagen 2012*, VDI-Berichte 2168, Düsseldorf: VDI-Verlag, 2012

[VDI2617-10] Genauigkeit von Koordinatenmessgeräten, Kenngrößen und deren Prüfung. Annahme- und Bestätigungsprüfung von Lasertrackern. VDI/VDE 2617 Blatt 10:2011

[WECK06] Weck, M., Brecher, C.: *Werkzeugmaschinen – Konstruktion und Berechnung.* (Reihe: Werkzeugmaschinen, Bd. 2), 8. Aufl. Berlin: Springer-Verlag 2006

[WECK06a] Weck, M., Brecher, C.: *Werkzeugmaschinen – Messtechnische Untersuchung und Beurteilung, dynamische Stabilität.* (Reihe Werkzeugmaschinen, Bd. 5), 8. Aufl. Berlin: Springer-Verlag 2006

[WECK06b] Weck, M.; Brecher, C.: *Werkzeugmaschinen – Mechatronische Systeme, Vorschubantriebe, Prozessdiagnose.* (Reihe: Werkzeugmaschinen, Bd. 3), 6. Aufl. Berlin: Springer-Verlag 2006

[WECK69] Weck, M.: *Analyse linearer Systeme mit Hilfe der Spektraldichtemessung und ihre Anwendung bei dynamischen Werkzeugmaschinenuntersuchungen unter Arbeitsbedingungen*, Diss. RWTH Aachen, 1969

[WECK71] Weck, M: *Dynamisches Verhalten spanender Werkzeugmaschinen; Einflußgrößen, Beurteilungsverfahren, Meßtechnik*. Habilitation RWTH Aachen, 1971

[WECK91] Weck, M.; Krauhausen, M.: *Anwendung der holografischen Interferometrie bei der Untersuchung von Werkzeugmaschinen*. VDI-Seminar „Schwingungen an Werkzeugmaschinen“, 1991

[WECK95] Weck, M.; Ostendarp H.: Erfassen des *Betriebsverhaltens von Maschinen mittels lasergestützter Meßverfahren*, Maschinenmarkt, Sonderausgabe „Aufbruch 1995“, 1995, S. 54-58

[WEND01] Wendt, K.; Schwenke, H.; Wäldele, F.; Krawxzy, M.; Kniel, K.: *Error mapping of large CMMs by sequential multi-lateration using a lasertracker*, Proceedings of the 2nd international conference, S. 258 - 261

[WEND03] Wendt, K.; Schwenke, H.; Bosemann, W.; Dauke, M.: *Inspection of large CMMs by sequential multi-lateration using a single lasertracker*, Procedures of the 6th LAMDAMAP, Huddersfield: euspen, 2003, S. 121 - 130

[YOUN72] Younis, M.: *Theoretische und praktische Untersuchung des Ratterverhaltens beim Außenrundeinstechschleifen*, Dissertation RWTH Aachen, 1972

[ZAEH11] Zäh, M.; Rösch, O.: *Steigerung der Arbeitsgenauigkeit bei der Fräsbearbeitung mit Industrierobotern*, ZWF Zeitschrift für wirtschaftlichen Fabrikbetrieb, Bd. 106, 2011, S. 658 – 662

Veröffentlichungen als Autor und Koautor

Own publications as author and co-author

[BREC10] Brecher, C.; Guralnik, A.: *Aktive Regelung des spitzenlosen Einstech-Schleifprozesses*, in: Hoffmeister, H., Denkena, B. (Hrsg.): 64. Jahrbuch Schleifen, Honen, Läppen, Polieren. Essen: Vulkan-Verlag, 2010, S. 67 – 81

[BREC10a] Brecher, C.; Guralnik, A.; Hannig, S.; Klein, W.: *Adaptronik in Schleifmaschinen: Prozessregelung über hochdynamische Aktoreinheiten*, in: Klocke, F.; Brinksmeier, E.; Werner, K.: 3rd European Conference on Grinding ECG. Aachen: Aprimus Verlag 2010, S. 3-1 - 3-24

[BREC10b] Brecher, C.; Guralnik, A.; Klein, W.: *Active Support Blade for Reduction of Chatter Vibration in Centerless Grinding,* in: Neugebauer, R.: ICMC 2010, Auerbach: Verlag wissenschaftliche Scripten, 2010, S. 889 - 896

[BREC12] Brecher, C.; Guralnik, A.; Bäumler, S.: *Measurement of structure dynamics using a tracking-interferometer*, Prod. Eng. Res. Devel., Band 6/1, Berlin: Springer-Verlag, 2012, S. 89–96

[BREC12a] Brecher, C.; Bäumler, S.; Wissmann, M.; Guralnik, A.: *Modal Testing using Tracking-Interferometers*, in: Allemang, R., De Clerk, J., Niezrecki, C., Blough, J.: Procedures of the 30th IMAC. (Reihe: Conf. Proc. of the Society for Experimental Mechanics, Bd. 31), New York: Springer-Verlag 2012, S. 285-293

[BREC12b] Brecher, C.; Guralnik, A.; Bäumler, S.: *Simultaneous 3D-vibration measurement using a single laser beam device*, Proceeding of 10th AIVELA (Reihe: AIP Conf. Proc., Bd, 1457). Ancona, 2012, S. 105 - 112

[BREC12c] Brecher, C.,Guralnik, A.,Bäumler, S.: *Modellierung des spitzenlosen Durchlaufschleifens: Kinematisches Prozessmodell zur Abbildung der dynamischen Prozess-Maschine-Interaktion*, in: wt Werkstattstechnik online (Jg. 102, Bd. 5). Düsseldorf: Springer-VDI-Verlag, 2012, S. 288 - 291

[BREC13a] Brecher, C.; Bäumler, S.; Wissmann, M.; Guralnik, A.: *Single beam method for three-axial vibration measurement*, Blunt, L.; Knapp, W. (Hrsg.): Proceedings of the 10th LAMDAMAP, Bedfordshire: euspen, 2013, S. 39-48

[BREC13b] Brecher, C.; Bäumler, S.; Guralnik, A.: *Modal Analysis of Machine Tools using a Single Laser Beam Device*, in: Allemang R., De Clerk, J., Niezrecki, C., Wicks, A.: Proceedings of the 31st IMAC. (Reihe: Conf. Proc. of the Society for Experimental Mechanics, Bd. 43), New York: Springer-Verlag 2013, S. 389 - 394

[BREC13c] Brecher, C.; Bäumler, S.; Guralnik, A.: *Machine tool dynamics - advances in metrological investigation, modeling and simulation techniques, optimization of process stability*, Proc. of the 5th MESIC. Zaragoza, 2013

[BREC14] Brecher, C.; Bäumler, S.; Guralnik, A.: *Experimental modal analysis using a tracking interferometer*, CIRP Annals, Jg. 63/1, 2014, S. 345 – 348

[GURA12] Guralnik, A.; Brecher, C.; Schwenke, H.; Wissmann, M.; Paluszek, H.; Berk, D.: *Untersuchung der dynamischen Strukturverformung von Werkzeugmaschinen mit Tracking-Interferometern*, 16. GMA/ITG-Fachtagung Sensoren und Messsysteme, AMA Science Portal, 2012, S. 386 – 396

Lebenslauf

Persönliche Daten:

Name:	Alexander Guralnik
Geburtsdatum / -ort:	11.11.1982, Saporoschje, Ukraine
Staatsangehörigkeit:	deutsch
Familienstand:	ledig

Schulbildung:

bis 2002	Gymnasium Bad Iburg Abschluss: Allgemeine Hochschulreife	

Studium:

10.2002 – 05.2008	Maschinenbau Vertiefung: Produktionstechnik / Fertigungstechnik Abschluss: Diplom-Ingenieur	RWTH Aachen
10.2003 – 09.2010	Betriebswirtschaftslehre Vertiefung: Industrielles Controlling / Logistik Abschluss: Diplom-Kaufmann	RWTH Aachen
09.2005 – 03.2006	Ingenieurwesen Vertiefung: Regelungstechnik / Robotik	ENSTA Paris

Studienbegleitende Tätigkeiten

04.2006 – 08.2006	Praktikant	HILTI AG, Schaan, Liechtenstein
10.2006 – 12.2006	Praktikant	Roland Berger, Düsseldorf
05.2008 – 10.2008	Assistent des Projektleiters	ZF, Northville, MI, USA

Berufliche Tätigkeit

12.2008 – 03.2014	Wissenschaftlicher Mitarbeiter am Lehrstuhl für Werkzeugmaschinen, Werkzeugmaschinenlabor der RWTH Aachen
12.2008 – 03.2014	Leiter des Geschäftsfeldes Kalibrierung von Produktionsmitteln, Werkzeugmaschinenlabor der RWTH Aachen
12.2008 – 03.2014	Leiter der Gruppe Maschinenuntersuchung und –beurteilung, Werkzeugmaschinenlabor der RWTH Aachen
seit 6.2014	Assistent der Bereichsleitung Busproduktion MAN Truck & Bus AG, München